丛书主编：饶良修

INTERIOR DESIGN
DETAILS COLLECTION

室内细部设计资料集

室内吊顶

主　编：饶　劢　朱爱霞
副主编：丁　辉　王　湘
主　审：叶谋兆

中国建筑工业出版社

图书在版编目（CIP）数据

室内吊顶 / 饶劢，朱爱霞主编 . —北京：中国建
筑工业出版社，2021.9
（室内细部设计资料集 / 饶良修主编）
ISBN 978-7-112-26372-1

Ⅰ.①室… Ⅱ.①饶…②朱… Ⅲ.①顶棚-室内装
饰设计 Ⅳ.① TU241

中国版本图书馆 CIP 数据核字（2021）第 140876 号

本书赠送增值服务，
请扫小程序码

责任编辑：何　楠
责任校对：赵　菲

室内细部设计资料集
INTERIOR DESIGN DETAILS COLLECTION
丛书主编：饶良修

室内吊顶

主　编：饶　劢　朱爱霞
副主编：丁　辉　王　湘
主　审：叶谋兆

＊

中国建筑工业出版社出版、发行（北京海淀三里河路9号）
各地新华书店、建筑书店经销
北京建筑工业印刷厂制版
北京中科印刷有限公司印刷

＊

开本：880 毫米×1230 毫米　1/16　印张：14　字数：402 千字
2021 年 12 月第一版　　2021 年 12 月第一次印刷
定价：**69.00** 元（含增值服务）
ISBN 978-7-112-26372-1
　　（37658）

《室内细部设计资料集》

总编辑委员会

顾　　问：邹瑚莹　张世礼　叶　红　陈　亮　沈立东　陈耀光
　　　　　谢　江　叶　铮

技术主审：詹庆旋　叶谋兆　李凤崧　顾伯岳　周燕珉　姜中光
　　　　　李正刚　唐曾烈

主　　任：饶良修　沈元勤

副 主 任：朱爱霞

委　　员：王　叶　王　芳　王　湘　王传顺　李　沙　杨　琳
　　　　　陈静勇　郭晓明　饶　劢　周　军　石克辉　孙　恺

《室内吊顶》

分编辑委员会

主　　编：饶　劢　朱爱霞

副 主 编：丁　辉　王　湘

编　　辑：郭　林　张喜凤　杨伟勤　陶晓菲　彭黄姬　周　帅

参编人员：刘斯晖　安　驿　高宣粤　林圣全　沈正华　张　焯
　　　　　刘长亮　党联军　刘占维　时沈祥　魏学峰　姚松良
　　　　　郑长贵　吴兴杰　余常勇　高纳栾　李椿炎　赵明宇
　　　　　王志文　杨一帆　吴苏原　康司雨　赵思凡　樊昌明
　　　　　夏金林　聂洪涛　黄　婧　王泽玉　庞天一　马晓榕
　　　　　刘丰易　郭　煜

主　　审：叶谋兆

主编单位：中国建筑设计研究院有限公司室内空间设计研究院
北京清水爱派建筑设计股份有限公司
北方工业大学

协编单位：中国建筑装饰装修材料协会天花吊顶材料分会
浙江友邦集成吊顶股份有限公司

参编单位：北新集团建材股份有限公司
星牌优时吉建筑材料有限公司
法狮龙家居建材股份有限公司
浙江品格集成家居有限公司
浙江来斯奥电气有限公司
浙江奥华电气有限公司
奥普家居股份有限公司
广东美穗实业发展有限公司

序　一

　　期待已久的"室内细部设计资料集"陆续与读者见面了，这是我国室内设计界值得庆贺的一件大事。这套由高等院校、施工单位和设计单位联合编写的丛书的面世，在我国室内设计界，不仅为广大设计师、教师和施工单位提供了一套符合我国国情的，有关室内细部设计的设计、教学、施工参考资料，也是改革开放之后我国新兴的室内设计专业正在逐渐走向成熟的一种标志。

　　室内设计从建筑设计中分离出来成为独立的新专业之后，在细部设计方面面临许多新问题。从向书本学习、向国外学习到在实践中成长，中国的室内设计从业者们经历过摸索，经历过失败，也取得了成功。值得庆幸的是，众多的实践机会让我们在摸爬滚打中成长起来。我们终于有了自己的"室内细部设计资料集"。虽然它可能还有不足之处，但我相信不断的实践会让它更加充实，更加完善。

　　这套资料集汇集了我国室内细部设计方面的许多典型案例，是我国在室内设计实践中成功经验的总结，值得我们好好学习和运用。同时，事物也总是在发展的，建筑材料在不断更新，施工方法在不断变化，审美情趣在不断改变，这都需要室内细部设计不断寻找新的对策。我希望在这套资料集的基础上，有更多新的创造、新的发展。我相信我们会越做越好。

　　我国室内设计的老前辈，我们中国建筑学会室内设计分会的老副会长饶良修先生主持了这套资料集的编辑工作，他为此付出了多年的不懈努力。我们室内设计学会还有不少设计单位、高校教师以及施工单位为此套书的诞生在辛勤劳动。在此，我对他们的无私奉献表示深深的谢意，并希望这套丛书尽快全面完成。

邹瑚莹

序　二

　　"室内细部设计资料集"是一套大型技术丛书。书中提供的室内细部构造，是特定形式的技术解决方案，技术条件执行我国现行的政策、法规、标准、规范、规程。案例是经过实践考验的，技术成熟、安全可靠的室内装修工程的经验总结。我们希望能对读者起到举一反三的作用。本套丛书是建筑设计、室内设计从业人员编制室内设计施工图文件，进行室内细部构造设计的首选技术资料；是高等院校室内设计专业的教师、学生工程技术实践教学的参考资料；也可以作为室内装饰工程施工单位、专业工程技术人员的培训教材。

　　《室内吊顶》分册由第一章概论与第二章工程案例两个部分组成。概论部分包括室内吊顶常用的材料及工艺（包含部分新材料及新工艺），国家相关的规范、标准、设计要点、构造原理、选用方法等技术指导方面的内容；工程案例部分采用案例照片对照构造详图的编制方法，结合文字说明，精准清晰。

　　丛书尝试采用一种新的编纂方式，由国内知名室内设计教学、施工单位，相关产品生产厂家联合编写，集室内行业的智慧与经验，服务于行业的发展需求。设计和施工单位长期在一线从事室内装修工程，积累了大量的室内细部设计构造资料；大专院校具有学术研究的传统与严谨的治学态度，并善于将实践总结提升到理论高度，使读者不但知其然，亦知其所以然；相关产品生产厂家提供了第一手产品资料，使设计师掌握了产品标准与应用标准，在产品的选用中做到心中有底。另外，各分册还邀请了国内相关领域的专家进行审校工作以保证图书质量。

　　"室内细部设计资料集"内容丰富，篇幅浩大，编制时间长，而室内设计技术发展很快，时效性很强，如果等到全部出齐，有的构造可能已经落后了，为了使图书尽早发挥作用，服务于行业的需求，各个分册采取分期分批出版的方式。随着时间的推移、技术的发展，可以不断补充、修订。

　　由于种种原因，最初拟定的九个分册除《楼梯栏杆（板）》分册按原出版合同已出版发行外，其余八个分册均未按合同约定时间交稿。调整后的《室内细部设计资料集》丛书，由六个分册组成：

　　(1)《墙面装修》

　　(2)《地面装修》

　　(3)《室内吊顶》

　　(4)《楼梯栏杆（板）》

（5）《卫浴设计》

（6）《公共建筑导向系统》

丛书从立项开始，就得到历届中国建筑学会室内设计分会秘书处的支持，前任分会叶红秘书长委派常务理事朱爱霞、秘书处潘晓微老师介入督促和推动编制工作。现任秘书长陈亮更是给予了很多实质性的支持。这对编辑组都是极大的鼓舞。

室内吊顶通过艺术化处理，塑造性格鲜明的装饰风格。室内吊顶同时还承担着改善室内空间环境质量的功能，其设计技术与艺术始终并重。

今天丰富的吊顶材料为吊顶工程提供了多种解决方案，满足了日益严格的消防、环保、安全规范的要求。这是一个令设计师激动的时代，新理念、新技术、新材料层出不穷，为设计师提供了自由发挥的空间。

目前倡导的建筑工业化的主要特征是：设计系统化、模数化、标准化；产品生产工厂化、机械化、部品化、集成化；施工现场组装化、精准化。在迈向建筑工业化的今天，建筑装饰装修作为建筑工程的一个组成部分，吊顶系统主流产品的研发、生产、施工也已走在工业化的路上。

在《室内吊顶》出版发行的时候，我对所有参编人员的辛勤付出表示衷心的感谢；特别要感谢中国建筑装饰装修材料协会天花吊顶材料分会丁辉秘书长的支持，感谢丁秘书长发动生产厂家积极参编，为本书提供了第一手资料；感谢主审北京市建筑设计研究院有限公司叶谋兆总建筑师对《室内吊顶》提供的指导意见和评价。

我们期待《室内细部设计资料集》能对室内设计工作者有所帮助，在室内设计中发挥积极的作用。

饶良修

序　三

　　"适用、经济，在可能条件下注意美观"是我1956年入职教育中的第一条，是当时的建筑方针。中华人民共和国成立初期，受经济条件所限，除少量重要建筑之外，无论是建筑外形还是室内装修基本上都是素面出镜，部分诸如剧场、音乐厅、录音棚（室）等专业功能要求很强的场所才做吊顶。

　　随着改革开放，特别是经济的发展，人们不满足于对建筑物内外仅作些表面的装修装饰处理，开始把"美观"与"适用"相提并论，对建筑物内部空间运用物资、技术和艺术手段来丰富和完善空间形象的室内设计，终于从长期被建筑设计所替代的状态下独立出来。

　　顶棚、地面和墙体几个界面的细部构造设计的精美程度都影响着它们围合的室内空间的环境质量，吊顶也承担着塑造符合建筑个性的室内装饰风格和内涵，创造功能合理、舒适美观的室内环境的重要角色。

　　常用顶棚有两类：直接式顶棚与吊顶。

　　直接式顶棚是装饰面直接做在屋顶或楼板的结构表面，直接暴露屋架或用钢筋混凝土井字梁、薄壳、空间网架构成结构顶棚，显示结构美。

　　吊顶则是在屋顶或楼板的结构层下另外吊挂一个自成系统的顶棚。吊顶可根据室内空间的实际需要设定标高，以节省空调能耗，结构层与吊顶之间可作布置设备管线之用。

　　吊顶的形式可以根据房间的使用功能和观感的需要做成平面、折面和曲面，其组合形式有：

　　1. 连片式：适用于面积较小、层高较低或有较高清洁卫生要求的房间，如起居室、手术室、教室、卫生间等。

　　2. 分层式：将中、大型室内空间划分成不同层次，利用高差布置灯槽、风口等设施，适用于活动室、会堂、餐厅、体育馆等；有的音乐厅还根据各种演出对音质的要求，将吊顶做成活动的，可控制室内高度和调整吊顶的反射角。

　　3. 立体式：将整个吊顶按一定的规律或图形进行分块安装，凹凸较深的预制块材具有良好的韵律感和节奏感，同时根据要求嵌入各种灯具、风口、消防喷头、扬声器等设备，这种吊顶对声音具有漫射效果，适用于尺寸较大的厅堂、音乐厅。

　　4. 悬空式：把杆件、板材或薄片吊挂在结构层下，形成格栅状、井格状或自由状的悬空层。上部的天然光或人工照明通过悬空的挂件漫射和光影交错，照度均匀、柔和，且具有深度感，各种照明、管道、风口、消防喷头以及扬声器等均可按本专业要求合理分布其间。悬空式吊顶常用作娱乐活动用房，适用于空间较高大的场所，当遇有声学要求的录音棚、体育馆等，还可根据需要吊挂各种吸声体。

现今流行的、成熟的室内吊顶系统一般都具有良好的设计感和功能性。材质丰富、色彩和表面处理多样、性能各异的吊顶系统，既满足了消防、环保和安全的要求，又为吊顶工程提供了多种解决方案。

《室内吊顶》将基础理论与技术解决相结合，从吊顶的基础知识、设计要点到吊顶的构造原理和选用方法，几乎涵盖了当今吊顶设计的方方面面，很有参考价值。为广大设计师提供了一份内容翔实的技术资料手册，有助于设计师了解和掌握吊顶设计，是广大室内设计师和建筑师的得力助手。

叶谋兆

前　言

室内墙、地、顶三大界面，是构成室内空间的重要组成部分，也是室内空间最富于变化、最引人瞩目的界面之一。室内吊顶通过艺术化处理，塑造室内装饰风格。

随着时代的发展、科技的进步、社会生产力的提升，人类无论是从工作需要，还是从生活的舒适度出发，对室内环境质量的要求越来越高。室内吊顶除了美观，其内还布置了灯具、消防烟感（温感）报警、自动喷淋、送风口、回风口、应急广播等重要的功能设施。

室内吊顶工程在过去和现在有许多做法，如木质材料吊顶、玻璃吊顶等，本书没有着重介绍，是因为现行的设计规范，越来越注重工程安全，设计师对工程承担终身责任，有些后果是难以预料的，在吊顶设计中有隐患的材料及工程做法应当被排除。设计师更应该自觉执行相应的标准、规范，引领行业健康发展，淘汰落后技术保证工程安全。

在顶棚设计中技术与艺术同样重要，用前沿的工程技术满足各种室内功能要求，用新颖精美的细节去演绎和丰富建筑内涵。在保证功能性要求的前提下，调动色彩、造型、质感、肌理等因素，运用美学规律，展现设计的魅力，创造形式优美、具有文化价值、富有诗意的室内环境。

顶棚设计牵涉建筑结构、通风采暖、给水排水、强电弱电、室内装修等多个专业。不同的室内空间，吊顶有不同的功能要求——保温、隔热、吸声、隔声、防潮、防火等，这是一项技术性很强的工作，各专业在不同的设计阶段都要密切配合，互提资料，协同作战，一起努力创造一个生活舒适、工作高效的室内环境。

《室内吊顶》由第一章概论与第二章工程案例两个部分组成。

"概论"部分包括室内吊顶涉及的新材料、新工艺，国家相关的规范、标准，设计要点，构造原理等技术指导方面的内容。

"工程案例"部分介绍吊顶基本构造做法，主要结合中国建筑设计研究院有限公司室内空间设计研究院近年来完成的室内设计吊顶工程项目，同时也介绍了兄弟单位设计的一些精彩案例，有些案例中还介绍了由生产厂家提供的最新产品的规格及应用标准，供设计师参考。

丛书主编饶良修是我的父亲，更是我的导师，本书能够顺利出版要归功于他的指导、鞭策与督促。感谢主审北京市建筑设计研究院有限公司叶谋兆总建筑师，对《室内吊顶》提供的指导意见和评价。感谢丛书总编委会副主任朱爱霞女士，在编制的每个阶段给予的指导和帮助。感谢北京丽贝亚建筑装饰工程有限公司王芳女士的审校和建议。这里还特别要感谢中国建筑装饰装修材料协会天花吊顶材料分会丁辉秘书长的支持，组织生产厂家积极参编。浙江友邦集成吊顶股份有限公司、星牌优时吉建筑材料有限公司、北新集团建材股份有限公司、法狮龙家居建材股份有限公司、浙江品格集成家居有限公司、浙江来斯奥电气有限公司、浙江奥华电气有限公司、广东美穗实业发展有限公司、奥普家居股份有限公司等，为本书提供了第一手资料。

　　本书自 2011 年开始启动编制工作，由于院里的产值压力以及设计任务紧张，虽然资料相对齐备，但书稿进展非常缓慢。合作伙伴北方工业大学艺术学院王湘女士带领她的学生加入编制组，使原本几近停滞的编制工作得以迅速的推进，在他们的帮助下完成了大部分 CAD 绘图基础工作。感谢我的同事郭林及刘斯晖的辛勤付出，在完成本职工作之余，从构造做法制图到版面编排都做了大量工作。尤其是郭林虽肩负繁重事务及设计任务，依旧能够保质保量地完成编制计划，按计划提交各项工作。最后要感谢所有参与本书编制工作的单位及个人，没有他们的倾力付出就没有今天的成果。

　　如果我们这本书能够对建筑师、室内设计师、大专院校师生、吊顶产品生产企业有所帮助，我们将感到无限欣慰。书中错误或不足之处欢迎提出宝贵意见和建议，以便我们今后改进工作。

饶劢

目　　录

第一章　概论

第一节 室内吊顶综述

一、室内吊顶的组成

建筑内部空间通常是由墙、地、顶三大界面围合而成。建筑顶面装修是指在建筑楼板下进行的美化装修，通常可分为两种：一种是直接在原建筑结构上进行装修，明露原建筑梁、顶及管线等，亦称为"裸顶"；另一种是在建筑内部悬挂并固定于原楼板下的顶棚，具有遮蔽梁、管线及美化装饰的作用，也称为"吊顶"。本书即以后一种室内吊顶的做法为主要编制内容。

室内吊顶通常是指由龙骨、配件、饰面板等组成的吊顶系统。其中，龙骨又可分为主龙骨和次龙骨。主龙骨是吊顶龙骨骨架中的主要受力构件，次龙骨是吊顶龙骨骨架中连接主龙骨及固定饰面板的构件。配件包括吊杆、吊件、挂件、边龙骨等构件。饰面板是指室内吊顶的饰面材料，主要有纸面石膏板、矿棉吸声板、玻璃纤维吸声板、金属板（网）、柔性（软膜）等饰面材料。

二、室内吊顶设计要求

（一）吊顶设计原则

1. 应符合现行国家法规、标准、规范要求

自觉执行现行法规、标准、规范是引领行业健康发展，保证安全，确保质量，提升品质的基本保障。

2. 技术与艺术并行

在室内吊顶设计过程中，技术与艺术应相结合，二者相辅相成。室内吊顶上的机电设施末端，如照明系统、空调系统、新风系统、防排烟系统、安防系统、自动灭火系统、网络信息服务系统等，应依靠严谨的技术支持，与室内吊顶设计相结合，为室内营造出优美、舒适、高效的空间环境。

3. 工业化设计

建筑工业化的主要特征是：设计系统化、模数化、标准化；部品模块化、集成化、制作工厂化、成品化；施工规模化、机械化、组装化、精细化。

室内装饰装修是建筑工程的一个重要环节，吊顶是装饰装修的一部分。吊顶设计、产品研发及施工，都应沿着工业化设计这条路前行。

（二）吊顶设计要求

1. 吊顶设计一般要求

（1）材料质量要求

吊顶工程使用的材料品种、规格和质量应符合设计要求和国家现行标准、法规、规范的相关规定。吊顶工程使用的材料应有产品合格证书，严禁使用国家明令淘汰的材料。

（2）环保要求

环境安全性是吊顶选择材料的一项重要指标。吊顶工程使用的材料应符合国家相关建筑装饰装修材料有害物质限量标准的规定。有害物质释放量应符合《民用建筑工程室内环境污染控制标准》GB 50325 及《建筑材料放射性核素限量》GB 6566 等的规定。

（3）防火要求

吊顶设计防火要求应符合现行《建筑设计防火规范》GB 50016 和《建筑内部装修设计防火规范》GB 50222—2017 的有关规定。

《建筑内部装修设计防火规范》GB 50222—2017 中关于吊顶设计防火要求的相关规范条文如下[①]：

3.0.2 装修材料按其燃烧性能应划分为四级，并应符合本规范表 3.0.2 的规定。

表 3.0.2 装修材料燃烧性能等级

等级	装修材料燃烧性能
A	不燃性
B₁	难燃性
B₂	可燃性
B₃	易燃性

3.0.3 装修材料的燃烧性能等级应按现行国家标准《建筑材料及制品燃烧性能分级》GB 8624 的有关规定，经检测确定。

3.0.4 安装在金属龙骨上燃烧性能达到 B₁ 级的纸面石膏板、矿棉吸声板，可作为 A 级装修材料使用。

3.0.5 单位面积质量小于 300g/m² 的纸质、布质壁纸，当直接粘贴在 A 级基材上时，可作为 B₁ 级装修

① 为方便读者延伸查阅标准、规范，本部分引用相应条文仍使用原条款号、表号。

材料使用。

3.0.6 施涂于 A 级基材上的无机装修涂料，可作为 A 级装修材料使用；施涂于 A 级基材上，湿涂覆比小于 $1.5kg/m^2$，且涂层干膜厚度不大于 1.0mm 的有机装修涂料，可作为 B_1 级装修材料使用。

3.0.7 当使用多层装修材料时，各层装修材料的燃烧性能等级均应符合本规范的规定。复合型装修材料的燃烧性能等级应进行整体检测确定。

4.0.3 疏散走道和安全出口的顶棚、墙面不应采用影响人员安全疏散的镜面反光材料。

4.0.4 地上建筑的水平疏散走道和安全出口的门厅，其顶棚应采用 A 级装修材料，其他部位应采用不低于 B_1 级的装修材料；地下民用建筑的疏散走道和安全出口的门厅，其顶棚、墙面和地面均应采用 A 级装修材料。

4.0.5 疏散楼梯间和前室的顶棚、墙面和地面均应采用 A 级装修材料。

4.0.6 建筑物内设有上下层相连通的中庭、走马廊、开敞楼梯、自动扶梯时，其连通部位的顶棚、墙面应采用 A 级装修材料，其他部位应采用不低于 B_1 级的装修材料。

4.0.8 无窗房间内部装修材料的燃烧性能等级除 A 级外，应在表 5.1.1、表 5.2.1、表 5.3.1 规定的基础上提高一级。

4.0.9 消防水泵房、机械加压送风排烟机房、固定灭火系统钢瓶间、配电室、变压器室、发电机房、储油间、通风和空调机房等，其内部所有装修均应采用 A 级装修材料。

4.0.10 消防控制室等重要房间，其顶棚和墙面应采用 A 级装修材料，地面及其他装修应采用不低于 B_1 级的装修材料。

4.0.11 建筑物内的厨房，其顶棚、墙面、地面均应采用 A 级装修材料。

4.0.12 经常使用明火器具的餐厅、科研试验室，其装修材料的燃烧性能等级除 A 级外，应在表 5.1.1、表 5.2.1、表 5.3.1 规定的基础上提高一级。

4.0.13 民用建筑内的库房或贮藏间，其内部所有装修除应符合相应场所规定外，且应采用不低于 B_1 级的装修材料。

4.0.16 照明灯具及电气设备、线路的高温部位，当靠近非 A 级装修材料或构件时，应采取隔热、散热等防火保护措施，与窗帘、帷幕、幕布、软包等装修材料的距离不应小于 500mm；灯饰应采用不低于 B_1 级的材料。

4.0.17 建筑内部的配电箱、控制面板、接线盒、开关、插座等不应直接安装在低于 B_1 级的装修材料上；用于顶棚和墙面装修的木质类板材，当内部含有电器、电线等物体时，应采用不低于 B_1 级的材料。

4.0.18 当室内顶棚、墙面、地面和隔断装修材料内部安装电加热供暖系统时，室内采用的装修材料和绝热材料的燃烧性能等级应为 A 级。当室内顶棚、墙面、地面和隔断装修材料内部安装水暖（或蒸汽）供暖系统时，其顶棚采用的装修材料和绝热材料的燃烧性能应为 A 级，其他部位的装修材料和绝热材料的燃烧性能不应低于 B_1 级，且尚应符合本规范有关公共场所的规定。

5.1.1 单层、多层民用建筑内部各部位装修材料的燃烧性能等级，不应低于本规范表 5.1.1 的规定。

5.1.2 除本规范第 4 章规定的场所和本规范表 5.1.1 中序号为 11～13 规定的部位外，单层、多层民用建筑内面积小于 $100m^2$ 的房间，当采用耐火极限不低于 2.00h 的防火隔墙和甲级防火门、窗与其他部位分隔时，其装修材料的燃烧性能等级可在本规范表 5.1.1 的基础上降低一级。

5.1.3 除本规范第 4 章规定的场所和本规范表 5.1.1 中序号为 11～13 规定的部位外，当单层、多层民用建筑需做内部装修的空间内装有自动灭火系统时，除顶棚外，其内部装修材料的燃烧性能等级可在本规范表 5.1.1 规定的基础上降低一级；当同时装有火灾自动报警装置和自动灭火系统时，其装修材料的燃烧性能等级可在本规范表 5.1.1 规定的基础上降低一级。

5.2.1 高层民用建筑内部各部位装修材料的燃烧性能等级，不应低于本规范表 5.2.1 的规定。

5.2.2 除本规范第 4 章规定的场所和本规范表 5.2.1 中序号为 10～12 规定的部位外，高层民用建筑的裙房内面积小于 $500m^2$ 的房间，当设有自动灭火系统，并且采用耐火极限不低于 2.00h 的防火隔墙和甲级防火门、窗与其他部位分隔时，顶棚、墙面、地面装修

表5.1.1　单层、多层民用建筑内部各部位装修材料的燃烧性能等级

Section1
概论

室内吊顶
综述

室内吊顶
分类

工程做法

序号	建筑物及场所	建筑规模、性质	装修材料燃烧性能等级							
			顶棚	墙面	地面	隔断	固定家具	装饰织物 窗帘	装饰织物 帷幕	其他装修装饰材料
1	候机室的候机大厅、贵宾候机室、售票厅、商店、餐饮场所等	—	A	A	B_1	B_1	B_1	B_1	—	B_1
2	汽车站、火车站、轮船客运站的候车（船）室、商店、餐饮场所等	建筑面积＞10000m²	A	A	B_1	B_1	B_1	B_1	—	B_2
		建筑面积≤10000m²	A	B_1	B_1	B_1	B_1	B_1	—	B_2
3	观众厅、会议厅、多功能厅、等候厅等	每个厅建筑面积＞400m²	A	A	B_1	B_1	B_1	B_1	B_1	B_1
		每个厅建筑面积≤400m²	A	B_1	B_1	B_1	B_1	B_1	B_1	B_2
4	体育馆	＞3000 座位	A	A	B_1	B_1	B_1	B_2	B_1	B_2
		≤3000 座位	A	B_1	B_1	B_1	B_1	B_2	B_1	B_2
5	商店的营业厅	每层建筑面积＞1500m² 或总建筑面积＞3000m²	A	B_1	B_1	B_1	B_1	B_1	B_1	B_2
		每层建筑面积≤1500m² 或总建筑面积≤3000m²	A	B_1	B_1	B_1	B_1	B_1	—	—
6	宾馆、饭店的客房及公共活动用房等	设置送回风道（管）的集中空气调节系统	A	B_1	B_1	B_1	B_1	B_2	—	B_2
		其他	B_1	B_1	B_2	B_2	B_2	B_2	—	—
7	养老院、托儿所、幼儿园的居住及活动场所	—	A	A	B_1	B_1	B_2	B_1	—	B_2
8	医院的病房区、诊疗区、手术区	—	A	A	B_1	B_1	B_2	B_1	—	B_2
9	教学场所、教学实验场所	—	A	B_1	B_2	B_2	B_2	B_2	B_2	B_2
10	纪念馆、展览馆、博物馆、图书馆、档案馆、资料馆等的公众活动场所	—	A	B_1	B_1	B_1	B_2	B_1	—	B_2
11	存放文物、纪念展览物品、重要图书、档案、资料的场所	—	A	A	B_1	B_1	B_2	B_1	—	B_2
12	歌舞娱乐游艺场所	—	A	B_1	B_1	B_1	B_1	B_1	B_1	B_1
13	A、B级电子信息系统机房及装有重要机器、仪器的房间	—	A	A	B_1	B_1	B_1	B_1	B_1	B_1
14	餐饮场所	营业面积＞100m²	A	B_1	B_1	B_1	B_1	B_1	—	B_2
		营业面积≤100m²	B_1	B_1	B_1	B_1	B_2	B_1	—	B_2
15	办公场所	设置送回风道（管）的集中空气调节系统	A	B_1	B_1	B_1	B_2	B_2	—	B_2
		其他	B_1	B_1	B_2	B_2	B_2	—	—	—
16	其他公共场所	—	B_1	B_1	B_2	B_2	B_2	B_2	—	—
17	住宅	—	B_1	B_1	B_1	B_1	B_2	B_2	—	B_2

表 5.2.1　高层民用建筑内部各部位装修材料的燃烧性能等级

序号	建筑物及场所	建筑规模、性质	顶棚	墙面	地面	隔断	固定家具	装饰织物				其他装修装饰材料
								窗帘	帷幕	床罩	家具包布	
1	候机室的候机大厅、贵宾候机室、售票厅、商店、餐饮场所等	—	A	A	B₁	B₁	B₁	B₁	—	—	—	B₁
2	汽车站、火车站、轮船客运站的候车（船）室、商店、餐饮场所等	建筑面积＞10000m²	A	A	B₁	B₁	B₁	B₁	—	—	—	B₂
		建筑面积≤10000m²	B₁	B₁	B₁	B₁	B₁	B₁	—	—	—	B₂
3	观众厅、会议厅、多功能厅、等候厅等	每个厅建筑面积＞400m²	A	A	B₁	B₁	B₁	B₁	B₁	—	—	B₁
		每个厅建筑面积≤400m²	B₁	B₁	B₁	B₁	B₁	B₁	B₁	—	—	B₁
4	商店的营业厅	每层建筑面积＞1500m² 总建筑面积＞3000m²	A	B₁	B₁	B₁	B₁	B₁	—	—	—	B₂
		每层建筑面积≤1500m² 总建筑面积≤3000m²	A	B₁	B₁	B₁	B₂	B₁	—	—	—	B₂
5	宾馆、饭店的客房及公共活动用房等	一类建筑	A	B₁	B₁	B₁	B₁	B₁	—	B₁	B₂	B₁
		二类建筑	A	B₁	B₁	B₂	B₂	B₂	—	B₂	B₂	B₂
6	养老院、托儿所、幼儿园的居住及活动场所	—	A	A	B₁	B₁	B₁	B₁	—	B₂	—	B₁
7	医院的病房区、诊疗区、手术区	—	A	A	B₁	B₁	B₁	B₁	—	B₁	B₂	B₁
8	教学场所、教学实验场所	—	A	B₁	B₁	B₁	B₁	B₁	—	—	—	B₁
9	纪念馆、展览馆、博物馆、图书馆、档案馆、资料馆等的公众活动场所	一类建筑	A	B₁	B₁	B₁	B₁	B₁	—	—	—	B₁
		二类建筑	B₁	B₁	B₁	B₁	B₂	B₂	—	—	—	B₂
10	存放文物、纪念展览物品、重要图书、档案、资料的场所	—	A	A	B₁	B₁	B₁	B₁	—	—	—	B₁
11	歌舞娱乐游艺场所	—	A	B₁	B₁	B₁	B₁	B₁	—	B₁	—	B₁
12	A、B级电子信息系统机房及装有重要机器、仪器的房间	—	A	B₁	B₁	B₁	B₁	B₁	—	—	—	B₁
13	餐饮场所	—	A	B₁	B₁	B₁	B₁	B₁	—	—	—	B₁
14	办公场所	一类建筑	A	B₁	B₁	B₁	B₁	B₁	—	—	—	B₁
		二类建筑	B₁	B₁	B₁	B₂	B₂	B₂	—	—	—	B₂
15	电信楼、财贸金融楼、邮政楼、广播电视楼、电力调度楼、防灾指挥调度楼	一类建筑	A	A	B₁	B₁	B₁	B₁	—	—	—	B₁
		二类建筑	B₁	B₁	B₁	B₂	B₂	B₂	—	—	—	B₂
16	其他公共场所	—	A	B₁	B₁	B₁	B₁	B₁	—	B₂	B₂	B₂
17	住宅	—	A	B₁	B₁	B₁	B₂	B₁	—	B₂	B₂	B₁

材料的燃烧性能等级可在本规范表 5.2.1 规定的基础上降低一级。

5.2.3　除本规范第 4 章规定的场所和本规范表 5.2.1 中序号为 10～12 规定的部位外，以及大于 400m² 的观众厅、会议厅和 100m 以上的高层民用建筑外，当设有火灾自动报警装置和自动灭火系统时，除顶棚外，其内部装修材料的燃烧性能等级可在本规范表 5.2.1 规定的基础上降低一级。

5.2.4　电视塔等特殊高层建筑的内部装修，装饰织物应采用不低 B₁ 级的材料，其他均应采用 A 级装修材料。

5.3.1　地下民用建筑内部各部位装修材料的燃烧性能等级，不应低于本规范表 5.3.1 的规定。

5.3.2　除本规范第 4 章规定的场所和本规范表 5.3.1 中序号为 6～8 规定的部位外，单独建造的地下民用

表 5.3.1　地下民用建筑内部各部位装修材料的燃烧性能等级

序号	建筑物及场所	装修材料燃烧性能等级						
		顶棚	墙面	地面	隔断	固定家具	装饰织物	其他装修装饰材料
1	观众厅、会议厅、多功能厅、等候厅等，商店的营业厅	A	A	A	B_1	B_1	B_1	B_2
2	宾馆、饭店的客房及公共活动用房等	A	B_1	B_1	B_1	B_1	B_1	B_2
3	医院的诊疗区、手术区	A	A	B_1	B_1	B_1	B_1	B_2
4	教学场所、教学实验场所	A	A	B_1	B_2	B_2	B_1	B_2
5	纪念馆、展览馆、博物馆、图书馆、档案馆、资料馆等的公众活动场所	A	A	B_1	B_1	B_1	B_1	B_1
6	存放文物、纪念展览物品、重要图书、档案、资料的场所	A	A	A	A	A	B_1	B_1
7	歌舞娱乐游艺场所	A	A	B_1	B_1	B_1	B_1	B_1
8	A、B级电子信息系统机房及装有重要机器、仪器的房间	A	A	B_1	B_1	B_1	B_1	B_1
9	餐饮场所	A	A	B_1	B_1	B_1	B_1	B_2
10	办公场所	A	B_1	B_1	B_1	B_1	B_2	B_2
11	其他公共场所	A	B_1	B_1	B_1	B_1	B_2	B_2
12	汽车库、修车库	A	A	B_1	A	A	—	—

注：地下民用建筑系指单层、多层、高层民用建筑的地下部分，单独建造在地下的民用建筑以及平战结合的地下人防工程。

建筑的地上部分，其门厅、休息室、办公室等内部装修材料的燃烧性能等级可在本规范表 5.3.1 的基础上降低一级。

2. 吊顶设计其他要求

（1）当上人吊顶及重型吊顶下挂置有周期性摆振设施时，应在钢筋混凝土顶板内预留钢筋或预埋件与吊杆连接。不上人吊顶及翻建工程吊项，可采用后置连接件（如射钉、膨胀螺栓）。无论预埋或后置连接件，其安全度均应做结构验算。

（2）吊顶内管道、管线、设施和器具较多，需要人员进入检修时，吊顶的龙骨间应铺设马道，并设置便于人员进入的开口式顶棚检修孔。

（3）吊顶净空较低，且管道、管线、设施和器具较多，人员不便进入检修时，应设置便于拆卸的装配式顶棚，或在经常需检修的部位设置检修孔。

（4）吊顶内部马道净高度不宜低于 1.8m。马道两侧应设置防护栏杆，栏杆高度不应低于 0.90m。除采用加强措施外，栏杆上均不应悬挂任何设施或器具，沿栏杆一侧应设置低压无眩光灯具。

（5）有洁净要求的空间，吊顶构造应采取可靠严

密的措施，表面要平整、光滑、不起尘。

（6）吊顶内所填充的隔热、保温材料，不应因受温湿度的影响而改变理化性能，从而造成环境污染。顶面材料的选用应符合规定。不应因材料选择不当，对室内环境造成短期或长期的污染。

（7）吊顶不宜设置散发大量热能的灯具。照明灯具的高温部位应采取隔热、散热等防火保护措施。灯饰所用材料不应低于吊顶材料燃烧性能等级。

（8）可燃气体管道不得在封闭的吊顶内敷设。

（9）吊顶安装排风机时，应将排风管直接和排风竖管相连，使潮湿气体不经过顶棚内部空间。

（10）大（中）型公用浴室、游泳馆的吊顶应设置较大坡度，使顶棚凝结水能顺坡沿墙面流下，以免装修材质表面因结露而损毁吊顶。

（11）吊顶内的上水管道应做保温及隔气处理，防止产生凝结水。

（12）采用钢筋混凝土板或楼板底面为吊顶时，不宜在钢筋混凝土楼板底做抹灰层，宜采用清水模板现浇钢筋混凝土，脱模后局部修补，面层采用混凝土保护剂，以确保清水混凝土呈现其原有的自然效果。

（13）潮湿房间的吊顶应采用耐水材料。当潮湿房间采用钢筋混凝土顶板时，应适当增加其钢筋保护层的厚度，以减少水气对钢筋的锈蚀。

（14）采用玻璃吊顶时应采用安全玻璃，原则上公共场所不建议采用玻璃吊顶。

三、室内吊顶性能要求

1. 承载性能

（1）采用的轻钢龙骨材质应符合现行《连续热镀锌和锌合金镀层钢板及钢带》GB/T 2518 的规定；铝合金龙骨应符合现行《铝合金建筑型材》GB/T 5237 的规定；铝合金 T 型龙骨应符合现行《铝合金 T 型龙骨》JC/T 2220 的规定；用铝板加工制作的龙骨应符合现行《一般工业用铝及铝合金板、带材 第 1 部分：一般要求》GB/T 3880.1 的规定；当采用其他材料作为龙骨时，应符合相关材料的国家现行标准的规定。

（2）轻钢龙骨选用的牌号、厚度应符合设计要求，表面防腐处理应符合现行《建筑用轻钢龙骨》GB/T 11981 的规定；由铝带制作的铝合金龙骨的拉伸强度和拉伸屈服伸长率应满足设计要求，0.2% 屈服强度不应低于 160MPa。

（3）轻钢龙骨组件力学性能应符合现行《建筑用轻钢龙骨》GB/T 11981 的规定；轻钢龙骨配件力学性能应符合现行《建筑用轻钢龙骨配件》JC/T 558 的规定；铝合金 T 型龙骨力学性能应符合现行《铝合金 T 型龙骨》JC/T 2220 的规定；集成吊顶的承载性能应符合现行《建筑用集成吊顶》JG/T 413 的规定。

（4）重型设备和有振动荷载的设备严禁直接安装在吊顶龙骨上。

2. 抗风性能

（1）一般情况下，室内吊顶系统的设计可不考虑风荷载的影响，只考虑系统自重对于承载能力的影响。当吊顶系统需要考虑室内风荷载的影响时（例如开窗、开门引起的室内风荷载变化），对于吊顶系统太过于脆弱而不能抵挡超过自重的正面荷载或是吊顶板与龙骨没有固定的，在设计时应充分考虑吊顶面板和龙骨抵御正负风压的作用。

（2）在室内风荷载条件下，吊顶板和龙骨应保持稳定性和整体性，不应发生影响正常使用的破坏或坍塌。当用于大开口或永久开口的建筑（例如停车房）时，或经常承受风荷载时，吊顶系统的抗风性能应根据现行《建筑结构荷载规范》GB 50009 进行计算。

（3）实际应用时，在极端天气条件下应紧闭门窗以避免风荷载对吊顶系统的影响。吊顶系统应具有一定的透风性，减低风荷载引起的吊顶面板隆起或坍塌的可能性。

3. 抗冲击性能

（1）当吊顶系统有遭受冲击的情况时，应在设计时考虑使用环境对于吊顶系统冲击的影响，并提出抗冲击性能要求。

（2）吊顶系统在经过抗冲击性能试验后，系统承载能力、功能性、安全性及外观性能不应发生明显变化。

4. 防火安全性能

（1）吊顶材料及制品的燃烧性能等级不应低于现行《建筑材料及制品燃烧性能分级》GB 8624 规定的 B_1 级，所用防火封堵材料应符合现行国家标准《防火封堵材料》GB 23864、现行《建筑用阻燃密封胶》GB/T 24267、现行《建筑内部装修设计防火规范》GB 50222 的规定。

（2）吊顶系统防火设计应符合现行《建筑设计防火规范》GB 50016 及现行《建筑内部装修设计防火规范》GB 50222 的规定，有防火要求的石膏板厚度应大于 12mm，并应使用耐火石膏板。

（3）吊顶内严禁敷设可燃气体管道。

（4）吊顶内的配电线路、电气设施的安装应符合建筑电气相关规范的要求。照明灯具靠近可燃物时，应采取隔热、散热等防护措施。

5. 耐水性能

在潮湿地区或高湿度区域，当采用纸面石膏板时，可选用单层厚度不小于 12mm 或双层 9.5mm 的耐水石膏板，次龙骨间距不宜大于 300mm。

6. 环境安全性能

（1）吊顶所用材料应符合国家有关建筑装饰装修材料有害物质限量标准的要求，有害物质控制应符合现行《民用建筑工程室内环境污染控制标准》GB 50325 的规定。

（2）吊顶系统在使用过程中不应产生有危害的微生物。

（3）集成吊顶功能模块以最大功率状态运行平稳后，不应有异常噪声和振动，运行时的噪声A计权声功率级分级应满足表1的规定。

噪声要求　　单位：dB　表1

产品功能模块类型	Ⅰ级	Ⅱ级	Ⅲ级
换气模块	＞55	≤55，＞50	≤50
风暖模块	＞60	≤60，＞55	≤55

注：1. 按噪声试验方法试验，其噪声A计权声功率级与铭牌标出的噪声值的容差位＋2dB（A）；

2. 多功能组合电器噪声参照风暖模块。

表格出处：《浙江制造团体标准—集成吊顶》T/ZZB 0148—2016。

集成吊顶照明模块采用的LED产品光生物辐射安全等级不应超过现行《普通照明用LED产品光辐射安全要求》GB/T 34034规定的RG1级别。

7. 电气安全性能

（1）集成吊顶选用的功能模块应符合相应产品标准要求：采暖模块应符合现行《浴室电加热器具（浴霸）》GB/T 22769的要求；通风模块应符合现行《家用和类似用途的交流换气扇及其调速器》GB/T 14806的要求；照明器具应符合现行《灯具　第1部分：一般要求与试验》GB 7000.1、现行《灯具　第2-1部分：特殊要求　固定式通用灯具》GB 7000.201、现行《灯具　第2-2部分：特殊要求　嵌入式灯具》GB 7000.202等标准要求。

（2）功能模块的电气安全性能应符合现行《家用和类似用途电器的安全　第1部分：通用要求》GB 4706.1、现行《家用和类似用途电器的安全　第2部分：室内加热器的特殊要求》GB 4706.23、现行《家用和类似用途电器的安全　第2部分：风扇的特殊要求》GB 4706.27等相关标准中规定的技术要求，有国家强制性认证的，必须通过相应的认证。

（3）集成吊顶的辐射式采暖模块辐射源在经冷水冲击试验后，辐射源应无开裂或异常，且能正常使用。在经电压冲击试验后无异常且能正常使用，功率下降不超过初始值的10%。

（4）集成吊顶的耐湿热性能应符合现行《建筑用集成吊顶》JG/T 413的规定。

8. 抗震性能

（1）有抗震要求的吊顶工程，其抗震性能应符合相应的设计规范要求。

（2）抗震试验后，吊顶系统不应产生影响安全的，面板、龙骨和配件、功能模块的掉落和松动等现象。

9. 耐久性能

（1）吊顶系统在使用过程中应能承受相应腐蚀环境的影响，生产商应提供如下与使用耐久性和维护相关的信息资料：

1）吊顶系统可视面的清洗要求和限制条件；

2）吊顶系统可视面的重新涂刷材料和技术；

3）清洗和涂刷对于吊顶系统可能产生的其他影响；

4）吊顶系统维护等其他需注意的事项等。

（2）吊顶系统所用材料和组件应进行相应的防腐保护和表面处理。轻钢龙骨表面防锈处理应符合现行《建筑用轻钢龙骨》GB/T 11981的规定；铝合金龙骨的膜层厚度和膜层性能应符合现行《铝合金T型龙骨》JC/T 2220的规定；轻钢龙骨配件的防锈处理应符合现行《建筑用轻钢龙骨配件》JC/T 558的规定。

四、室内吊顶上的功能设施（机电设备末端）

吊顶设计应满足各专业设计要求，与各专业密切配合，协调统一。

1. 给水、排水专业设备末端

（1）灭火系统自动喷淋头形式及应用。不同场合对自动灭火系统喷淋头的敏感度是有不同要求的（图1）。在不同的使用环境下，喷淋头在不同温度范围内启动的名义动作温度称之为公称动作温度。喷淋头分为玻璃球洒水喷头及易熔元件喷头，其中玻璃球洒水喷头的七种颜色分别对应不同的启动温度：橙色57℃、红色68℃、黄色79℃、绿色93℃、107℃；蓝色121℃、141℃；紫色163℃、182℃；黑色204℃、227℃、260℃、343℃。易熔元件喷头的六种颜色分别对应不同的启动温度：无色57℃～77℃、白色80℃～107℃、蓝色121℃～149℃、红色163℃～191℃；绿色204℃～246℃；橙色260℃～302℃、320℃～343℃。

Section1
概论

室内吊顶
综述

室内吊顶
分类

工程做法

（2）消防喷淋头用于消防喷淋系统末端，当发生火灾时，水通过喷淋头喷洒出进行灭火。目前常用的消防喷淋头分为下垂型洒水喷头、直立型洒水喷头、边墙型洒水喷头、隐蔽式洒水喷头（图2）等。而高大空间（室内吊顶高度大于12m）则应采用水炮（图3），配合红外感应共同使用。

图1　自动灭火系统喷淋头

下垂型

直立型

边墙型

隐蔽式

图2　常用喷淋头末端型式

图3　水炮

（3）在金属条形板、金属格栅、金属网格、艺术造型等开透式吊顶中，为使热气能够迅速有效地直达热敏感元件组成的释放机构，通常将喷淋头安装于集热罩内（图4）。

图4　吊顶中的集热罩

2. 通风空调系统设备末端

（1）通风系统设备末端

1）防烟、排烟系统形式：方形风口、圆形风口、矩形风口；

2）新风系统形式：方形风口、圆形风口、矩形风口、条形风口。

（2）空调设备末端

1）送风口形式：方形风口、圆形风口、矩形风口、条形风口、线形风口；

2）回风口形式：方形风口、圆形风口、矩形风口、条形风口、线形风口。

3. 电气系统设备末端

（1）电气照明系统设备末端

1）照明灯具包括装饰照明灯、应急照明灯、备用照明灯。

2）照明灯具分类

① 按配光类型分：

a. 间接型：上射光通超过90%；

b. 半间接型：上射光通超过60%；

c. 直接间接型：上射光通与下射光通近乎相等；

d. 漫射型：射出光通量全方位分布；

e. 半直接型：上射光通在40%以内；

f. 直接型（宽配光、中配光不对称、窄配光）：下射光通占90%以上。

② 按安装形式分：

吊灯（支形灯）、吸顶灯、嵌入式灯具、暗槽灯、发光顶棚、轨道灯、壁灯、台灯、落地灯、镜前灯等。

③ 按光源分：

白炽灯（卤钨灯）、荧光灯（直管荧光灯、紧凑型荧光灯）、金属卤化物灯、高（低）压钠灯、高压汞灯、LED 灯、光纤照明等。

④ 按照明功能分：

a. 全面照明灯具：泛光灯、格栅灯、正反射罩灯、扩散反射罩灯、伞形折射罩灯；

b. 局部（重点）照明灯具：聚光灯、投光灯；

c. 装饰性照明灯具：主题灯、支形（花）灯、水晶灯、组合灯。

（2）弱电系统设备末端

1）网络信息服务系统末端：无线 AP、背景音乐广播、手机信号接收器（蘑菇头）、红外探测器；

2）消防报警、自动灭火系统末端：感烟探测器、消防广播、声光报警器、可燃气体探测器、压力差传感器；

3）安全防范系统设备末端：监控探头。

第二节　室内吊顶分类

室内吊顶系统按饰面材料可分为纸面石膏板吊顶、矿棉吸声板吊顶、玻璃纤维吸声板吊顶、金属板（网）吊顶、柔性（软膜）吊顶、集成模块吊顶等。

一、纸面石膏板吊顶

1. 纸面石膏板吊顶定义及性能

纸面石膏板采用建筑石膏为主要原料，掺加适量添加剂和纤维采用挤压成形工艺做成板芯，用特制的纸做面层，牢固粘结而成。纸面石膏板具有强度高、重量轻、品种规格多、质量稳定可靠、便于再加工等特点，可与轻钢龙骨及其他配套材料组成吊顶。

普通纸面石膏板适用于一般防火要求的各种工业与民用建筑；耐火纸面石膏板适用于有较高防火要求的场所；耐水纸面石膏板适用于潮湿环境下的建筑室内。纸面石膏板除能满足建筑防火、隔声、保温隔热、抗震等要求外，具有不受环境温度影响等特点。

纸面石膏板材的面密度及断裂荷载要求详见表 2、表 3。

面密度　　　　　　　　　　表 2

板材厚度（mm）	面密度（kg/m²）
9.5	9.5

续表

板材厚度（mm）	面密度（kg/m²）
12.0	12.0
15.0	15.0
18.0	18.0
21.0	21.0
25.0	25.0

表格出处：《纸面石膏板》GB/T 9775—2008。

断裂荷载　　　　　　　　　　表 3

板材厚度 （mm）	断裂荷载（N）			
	纵向		横向	
	平均值	最小值	平均值	最小值
9.5	400	360	160	140
12.0	520	460	200	180
15.0	650	580	250	220
18.0	770	700	300	270
21.0	900	810	350	320
25.0	1100	970	420	380

表格出处：《纸面石膏板》GB/T 9775—2008。

2. 纸面石膏板品种、规格

纸面石膏板的常用规格有：长 2400/2700/3000/3300mm× 宽 1200mm× 厚 9.5/12/15mm，并且还可根据需要裁切或拼接为任意尺寸。

纸面石膏板及系列板品种、规格详见表 4。

3. 纸面石膏板吊顶系统

目前最常用的纸面石膏板吊顶系统为轻钢龙骨纸面石膏板吊顶系统。

（1）轻钢龙骨纸面石膏板吊顶系统是由龙骨、配件、饰面板等组成的系统。

（2）轻钢龙骨纸面石膏板吊顶，根据是否需要进入吊顶内检修的要求，分为上人和不上人两类。

1）上人吊顶，承载龙骨（主龙骨）上可铺设临时性轻质检修马道，一般允许集中荷载小于等于 80kg；如上人检修频繁或有超重荷载时，应设永久性马道，永久性马道需直接吊装在结构顶板或梁上，并需经结构专业计算确定。马道应与吊顶系统完全分开。上人吊顶通常采用 ϕ8 钢筋吊杆或 M8 全牙吊杆。上人承载龙骨（主龙骨）规格为 50×15/60×24/60×27（mm×mm）（建议使用后两者）。

<table>
<tr><td colspan="7" align="center">轻钢龙骨吊顶板系列表　　　　　　　　　　　表4</td></tr>
<tr><td rowspan="2">产品名称</td><td rowspan="2">品种</td><td rowspan="2">适用范围</td><td colspan="2">板型尺寸（mm）</td><td rowspan="2">基本组成</td><td rowspan="2">执行标准</td></tr>
<tr><td>长×宽</td><td>厚</td></tr>
<tr><td rowspan="3">硅酸钙板</td><td>平板</td><td>适用于低收缩防火、防潮吊顶</td><td>2440×1220
3000×1200</td><td>4～20</td><td rowspan="3">以钙质材料、硅质材料与非石棉纤维等作为主要原料，经制浆、成坯、蒸压养护等工序而制成的建筑板材</td><td rowspan="3">《纤维增强硅酸钙板》
JC/T 564.1—2018</td></tr>
<tr><td>装饰板</td><td>一般建筑室内吊顶</td><td>600×600
300×1200
600×1200</td><td>4/5/8/10/12</td></tr>
<tr><td>穿孔板</td><td>有吸声降噪、调节音质需求的室内吊顶</td><td>1200×600</td><td>6/8</td></tr>
<tr><td>纤维增强水泥加压板</td><td>FC板</td><td>建筑室内吊顶</td><td>1800×1200
2400×1200
3000×1200</td><td>5/6/8/10/12</td><td>以水泥、水泥加轻骨料与纤维等作为主要原料，经制浆、成坯、蒸压养护等工序而制成的建筑板材</td><td>《维纶纤维增强水泥平板》
JC/T 671—2008</td></tr>
<tr><td rowspan="2">无石棉纤维增强硅酸盐平板</td><td>低密度</td><td>适用于有防火、防潮要求的吊顶</td><td>2440×1220</td><td>7/9/10/12</td><td rowspan="2">以水泥、植物纤维与天然矿物质等作为主要原料，经流浆法高温蒸压而制成的建筑板材</td><td rowspan="2">—</td></tr>
<tr><td>中密度</td><td>适用于潮湿、高温环境吊顶</td><td>2440×1220</td><td>6/8</td></tr>
<tr><td rowspan="4">纸面石膏板</td><td>普通型</td><td>一般建筑室内吊顶</td><td>2400×1200
2700×1200
3000×1200</td><td>9.5/12/15</td><td>以建筑石膏、轻集料、纤维增强材料与外加剂为主要原料构成芯材，以护面纸粘结为面层，而制成的建筑板材</td><td rowspan="4">《纸面石膏板》
GB/T 9775—2008</td></tr>
<tr><td>耐水型</td><td>一般建筑潮湿环境吊顶</td><td>2400×1200
2700×1200
3000×1200</td><td>9.5/12/15</td><td>以建筑石膏、纤维增强材料、耐水外加剂为主要原料构成耐水芯材，以耐水护面纸粘结为面层，而制成的吸水率较低的建筑板材</td></tr>
<tr><td>耐火型</td><td>一般建筑防火吊顶</td><td>2400×1200
2700×1200
3000×1200</td><td>9.5/12/15</td><td>以建筑石膏、轻集料、无机耐火纤维增强材料与外加剂为主要原料构成耐火芯材，以护面纸粘结为面层，而制成的耐火建筑板材</td></tr>
<tr><td>耐水耐火型</td><td>一般建筑防潮、防火吊顶</td><td>2400×1200
2700×1200
3000×1200</td><td>15</td><td>以建筑石膏、轻集料、无机耐火纤维增强材料及耐水外加剂为主要原料构成耐火、耐水芯材，以护面纸粘结为面层，而制成的耐火、耐水建筑板材</td></tr>
<tr><td rowspan="2">穿孔吸声石膏板</td><td>穿孔石膏板</td><td rowspan="2">需要吸声、降噪、调节音质的室内吊顶</td><td rowspan="3">600×600
600×1200
2400×1200
2700×1200
3000×1200</td><td rowspan="3">9.5/12</td><td>以特制纸面石膏板为基板，并垂直于板面穿孔而制成的建筑板材</td><td>《吸声用穿孔石膏板》
JC/T 803—2007
《纸面石膏板》
GB/T 9775—2008</td></tr>
<tr><td>覆膜石膏板</td><td>以特制纸面石膏板为基板，表面贴附装饰材料，并垂直于板面穿孔而制成的建筑板材</td><td rowspan="2">《装饰纸面石膏板》
JC/T 997—2006</td></tr>
<tr><td>装饰纸面石膏板</td><td>覆膜石膏板</td><td>有洁净要求的室内吊顶</td><td>以特制纸面石膏板为基板，表面贴附装饰材料</td></tr>
<tr><td>装饰石膏板</td><td>—</td><td>一般建筑室内吊顶</td><td>600×600
2400×1200</td><td>8/10/12/15</td><td>以建筑石膏、纤维增强材料与外加剂为主要原料浇铸成型的建筑装饰板材</td><td>《装饰石膏板》
JC/T 799—2016</td></tr>
<tr><td rowspan="2">纤维石膏板</td><td>纸纤维石膏板</td><td>一般建筑室内吊顶</td><td>2440×1220
3000×1200</td><td>10/12.5/15</td><td>以熟石膏、纸纤维增强材料为主要原料，采用半干法加工的建筑板材</td><td rowspan="2">《石膏刨花板》
LY/T 1598—2011</td></tr>
<tr><td>木纤维石膏板（石膏刨花板）</td><td>一般建筑室内吊顶</td><td>3050×1200</td><td>8/10/12/15</td><td>以熟石膏、木纤维增强材料为主要原料，采用半干法加工的建筑板材</td></tr>
</table>

表格出处：国家标准图集《内装修—室内吊顶》12J502—2。

2）不上人吊顶，承载龙骨（主龙骨）规格为 $38 \times 12 / 50 \times 20 / 60 \times 27$（mm×mm）；次龙骨规格为 $50 \times 20 / 60 \times 27 / 50 \times 19$（mm×mm）等。不上人吊顶通常采用 $\phi6$ 钢筋吊杆或 M6 全牙吊杆。

（3）轻钢龙骨及配件的选择及相关规定。

1）轻钢龙骨是以连续热镀锌钢板带为原材料，经冷弯工艺轧制而成的建筑用金属骨架。

2）用于整体面层吊顶的常用龙骨其截面形式有 U 型、C 型，均应符合国家标准《建筑用轻钢龙骨》GB/T 11981—2008 对轻钢龙骨的规定。

3）轻钢龙骨与石膏板及其配套产品组成的轻质建筑室内吊顶体系，以其自重轻、安装方便、施工快捷、结构稳固等特点被广泛采用。

4）轻钢主、次龙骨及配件可以拼装成多种组合龙骨系列。

a. 轻钢龙骨石膏板吊顶有单层龙骨和双层龙骨两种。单层龙骨是指主、次龙骨在同一水平面上垂直交叉相接，不设承载龙骨，比较简单、经济。双层龙骨是指横撑龙骨（次龙骨）挂在承载龙骨（主龙骨）下皮之下，其特点是吊顶整体性较好、不易变形。

b. 直接吊挂平放的 C 型主龙骨，主、次龙骨为同一型号，在同一平面内垂直交叉、平放，用于面积较小的吊顶，属于单层龙骨构造。其特点为龙骨材料订货、施工、安装都比较简便，可减少施工损耗。

c. 吸顶式吊顶分单层龙骨、双层龙骨两种，总厚度在 20～130mm 之间，在需保证室内吊顶净高时使用，采用钢制膨胀螺栓将吸顶式吊件直接固定在结构顶板及梁上。

5）常用吊顶轻钢龙骨及配件规格型号详见表5；石膏板吊顶配套材料详见表6；吊顶龙骨及配件用量表详见表7、表8；次龙骨及横撑龙骨排布详见图5。

6）本书后文提供的吊顶平面布置示例，可供设计人员选择使用。当采用 9.5mm 厚纸面石膏板作面板时，次龙骨的间距不得超过 450mm；采用双层纸面石膏板作面板时，次龙骨的间距不得超过 600mm。面积较大的吊顶宜采用 12mm 厚的纸面石膏板。

7）石膏板吊顶检修口宜选用工业成品，所有洞口四周均应设有次龙骨或附加龙骨。

8）吊顶平面布置示例中，纸面石膏板均按密缝安装表示尺寸，具体工程中如需做离缝处理时，只需相应调整主龙骨和横撑龙骨的间距。

Section1
概论
室内吊顶综述
室内吊顶分类
工程做法

吊顶轻钢龙骨及配件表　　　　　　　表5

| 产品名称 | 适用范围 | 规格型号 | | 尺寸（mm） | | | | | | 备注 |
		图形	型号	A	A′	B	B′	T	长	
主龙骨（承载龙骨）	承载龙骨（不上人吊顶）		C38×12	38	—	12	—	1.0	3000	吊顶骨架中主要受力构件
			C50×20	50	—	20	—	0.6		
			C60×27	60	—	27	—	0.6		
	承载龙骨（上人吊顶）		CS45×15	45	—	15	—	1.2	3000	
			CS50×15	50	—	15	—	1.2		
			CS60×20	60	—	20	—	1.2		
			CS60×24	60	—	24	—	1.2		
			CS60×27	60	—	27	—	1.2 1.5		
次龙骨、横撑龙骨（覆面龙骨）	覆面龙骨（上人、不上人）		C50×19	50	—	19	—	0.5	3000	吊顶骨架中固定饰面板的构件。次龙骨通长布置，横撑龙骨与次龙骨在一个平面内垂直相交
			C50×20	50	—	20	—	0.6		
			C60×27	60	—	27	—	0.6		
			DF47	47	—	17	—	0.5		

续表

产品名称	适用范围	规格型号 图形	规格型号 型号	尺寸（mm）A	A'	B	B'	T	长	备注
收边龙骨	U型收边用龙骨	U型	DU20	20	—	27	20	0.4	3000	吊顶骨架中，与50覆面龙骨配套使用的收边龙骨
			DU20	20	—	30	20	0.4		
			DU22	22	—	30	20	0.4		
			DU28	28	—	30	20	0.4	3000	吊顶骨架中，与60覆面龙骨配套使用的收边龙骨
			DU30	30	—	27	20	0.4		
			DU30	30	—	30	20	0.4		
	F型收边用龙骨	F型	D-F48	26	21	48	20	0.5		与50覆面龙骨配套使用做跌级吊顶、灯槽的收边龙骨
			D-F50	30	20	50	19	0.6		
边龙骨	L型修边用龙骨	L型 W型	DL30	30	—	23	—	0.6	3000	沿吊顶周边修边用龙骨
	W型修边用龙骨		DW20	20	—	25	—			
V型直卡式承载龙骨	不上人承载骨架		DV20×37	20	—	37	—	0.8	3000	吊顶骨架中主要受力构件
			DV22×37	22	—	37	—	1.0		
			DV25×37	25	—	37	—	0.8		
直卡式造型用承载龙骨	不上人承载骨架	内弯半径≥900mm 外弯半径≥300mm	DV20×20	20	—	20	—	1.0	3000	吊顶主要受力骨架，可内弯或外弯，经机器或人工加工成造型弧度
			DV25×20	25	—	20	—	1.0		
			DV50×20	50	—	20	—	1.0		
阳角龙骨	L型阳角处用龙骨	阳角龙骨 阴角龙骨	DL55×55	55	—	55	—	0.5		与直卡式造型用承载龙骨配合使用跌级或灯槽的阴、阳角转角处收边龙骨
阴角龙骨	W型阴角用龙骨		DW64×39	64	—	39	—	0.5		

产品名称	适用范围	规格型号 图形	图	型号	尺寸（mm）A	A'	B	B'	C	C'	T	长	备注
吊件	用于不上人吊顶主龙骨	图1 CK38 / 图2 CSK50 CSK60	1	CK38	101	57	17	21	18	—	2		图1、图2为卡挂件。承载龙骨和吊杆的连接构件
			2	CSK50	123	69	20	21	18	—	2		
			2	CSK60	144	78	32	21	18	—	2		
				C38-DH	100	60	17	17	20	—	2.4		
			3	C38	81	59	18	21	20	—	2		
			3	C50	93	71	21	21	20	—	2		
			3	C60	103	81	31	21	20	—	2		

产品名称	适用范围	图形	图	型号	A	A′	B	B′	C	C′	T	长	备注
吊件	用于上人吊顶主龙骨	图3 C 38 C 50 C 60 CS 50 CS 60		CS50-DH	112	72	20	20	20	—	2.4	—	图1、图2为卡挂件。承载龙骨和吊杆的连接构件
				CS60-DH	112	82	29 32	29 32	20	—	2.4		
			3	CS50	113	78	24	30	25	—	3/2		
			3	CS60	130	88	35	40	20	—	3/2.5		
	用于不上人吊顶主龙骨			C-50	100		50		30		0.8	—	吸顶式吊挂，承受全部吊顶荷载
					122		52		35		0.8	—	
				C-60	100		60		30		0.8		
					122		62		35		0.8	—	
挂件	用于不上人吊顶主龙骨	图1 图2 图3	1	C50	39	—	20	—	20	48	0.8	—	横撑龙骨和承载龙骨之间的连接件
			1	C60	53	—	20	—	20	58	0.8		
				C38-2	50		23		54	45	0.8		
			3	C38-DC	53	20	38.7	—	33	48	0.75		
			2	C38	50	—	47.5	—	—	—	0.7		
			2	CS50	62.5		47.5	—	—	—	0.7		
				CS50-2	70		17	—	25	48	1.0		
	用于上人吊顶主龙骨		3	CS50-DC	65	20	41.7	—	33	48	0.75		
			2	CS60	72.5	—	47.5 57.5	—	—	—	0.8 0.7		
			3	CS60-DC	75	20	46.7	—	33 43	48 58	0.75		
				CS60-2	80 88	—	17	—	20	48 59	1.0		
连接件	用于次龙骨的连接（延长）			C50	17	—	47	—	100	—	0.6	—	—
				C60	22	—	57	—	100	—	0.6		
吊杆	与吊件连接，承受全部荷载	钢筋吊杆 全牙吊杆		φ4	—	—	—	—	—				φ4、φ6钢筋用于不上人吊顶，φ8钢筋用于上人吊顶。当钢筋为通长套扣时也称为全牙吊杆，分别用M6、M8表示
				φ6、M6	—	—	—	—	—				
				φ8、M8	—	—	—	—	—				

Section1
概论

室内吊顶
综述

室内吊顶
分类

工程做法

产品名称	适用范围	规格型号		尺寸（mm）								备注
		图	型号	A	A'	B	B'	C	C'	T	长	
转角连接件	角与楼板之间固定件		L钢	40	—	40	—	40	—	4	—	—
双扣卡挂件	用于承载龙骨和次龙骨的连接固定		CK38	47	—	14	—	46	54	0.8	—	也可用于单层龙骨吊顶，连接吊件与横撑龙骨
			CK50	59	—	17	—	46	54	0.8	—	
			CK60	69	—	29	—	50	64	0.8	—	
金属快装卡扣件	吸顶吊顶用吊挂件		CK50	11	—	42	—	52	—		—	—
			CK60	11	—	42	—	62	—		—	
挂插件（水平件）	平面连接次龙骨与横撑龙骨		C50	17	—	25	—	47	—	0.5	—	—
			C60	22 25	—	22 25	—	54 57	—	0.5	—	
快装水平连接件（水平件）	平面连接次龙骨与横撑龙骨		C50	8.5	—	54	—	90	—			
			C60	8.5	—	64	—	90	—			
伸缩缝配件	吊顶伸缩缝			—		—	—	—	—	—	3000	吊顶面积≥100m²
平行接头	曲面吊顶接缝			—		64 82	—	—	—	0.6	2400 3000	—
阴线护角	边部收口		Z30	30	10 20	10	—	—	—	0.6	3000	用于吊顶四周石膏板板边，也可用于硅酸钙板、纤维增强水泥压力板、无石棉纤维增强平板

注：1. 执行标准《建筑用轻钢龙骨》GB/T 11981—2008 及《建筑用轻钢龙骨配件》JC/T 558—2007。

2. 表 A-1 中所示轻钢龙骨及配件型号标注与厂家型号不同时，应以厂家型号为准。

表格出处：参考国家标准图集《内装修—室内吊顶》12J502—2，部分调整。

石膏板吊顶配套材料表   表6

产品名称	接缝膏	材料构成	执行标准
嵌缝石膏	石膏板拼缝的粘结处理，对表面破损进行修补	建筑石膏粉，胶凝材料	《嵌缝石膏》JC/T 2075—2011
接缝纸带	与嵌缝石膏共同使用，做石膏板拼缝的粘结嵌缝处理，也可用作阴角或阳角的修饰，或对裂缝进行修复	纸	《接缝纸带》JC/T 2076—2011
玻纤网格带		玻纤网格布	—
金属护角纸带	与嵌缝石膏共同使用，对吊顶的阴角或阳角进行保护，并可起到线条挺阔美观的作用	接缝纸带、金属带	
接缝膏	用于石膏板直角边或穿孔石膏板直角边无纸带接缝		

表格出处：国家标准图集《内装修—室内吊顶》12J502—2。

每平方米吊顶主龙骨及配件用量表 表7

主龙骨中距 （mm）	吊件中距 （mm）	主龙骨（m）	主龙骨吊件 （个）	螺栓螺母（套）	吊杆（根）	螺母（个）	主龙骨连接件 （个）
1200	800	0.82	1.03	1.03	1.03	2.06	0.33
	900		0.91	0.91	0.91	1.92	
	1000		0.82	0.82	0.82	1.64	
1100	800	0.91	1.14	1.14	1.14	2.28	0.36
	900		1.01	1.01	1.01	2.02	
	1000		0.91	0.91	0.91	1.82	
1000	800	1.00	1.25	1.25	1.25	2.50	0.4
	900		1.11	1.11	1.11	2.22	
	1000		1.00	1.00	1.00	2.00	
900	800	1.11	1.39	1.39	1.39	2.78	0.44
	900		1.23	1.23	1.23	2.46	
	1000		1.11	1.11	1.11	2.22	
800	800	1.25	1.56	1.56	1.56	3.12	0.5
	900		1.39	1.39	1.39	2.78	
	1000		1.25	1.25	1.25	2.50	

表格出处：国家标准图集《内装修—室内吊顶》12J502—2。

每平方米吊顶次龙骨及配件用量表 表8

排布图	次龙骨（m）	挂件（个）	挂插件（个）	次龙骨连接件（个）
(1)	4.2	5.0	8.2	0.8
(2)	4.2	3.3	8.2	0.6
(3)	4.7	6.6	11	1.0
(4)	4.5	4.0	10	0.7
(5)	3.5	5.3	4.4	0.9
(6)	3.7	4.0	6.7	0.7

表格出处：国家标准图集《内装修—室内吊顶》12J502—2。

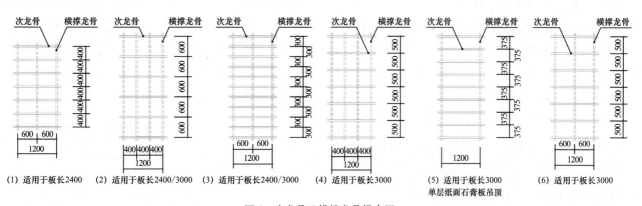

(1) 适用于板长2400　(2) 适用于板长2400/3000　(3) 适用于板长2400/3000　(4) 适用于板长3000　(5) 适用于板长3000 单层纸面石膏板吊顶　(6) 适用于板长3000

图5　次龙骨及横撑龙骨排布图

注：1. 本图为次龙骨和横撑龙骨的排列方式，(1)(2)(4)常用于9.5mm厚纸面石膏板；(3)(5)(6)常用于12mm厚纸面石膏板。

2. 板长2400mm适用于(1)方式；板长2400/3000mm适用于(2)(3)方式；板长3000mm适用于(4)(6)方式；板长3000mm，单层纸面石膏板吊顶适用于(5)方式。

3. 潮湿地区（相对湿度长期大于70%）及吊顶内部排布有水管时，应选用耐水石膏板。当采用12mm厚或双层9.5mm厚石膏板时，次龙骨和横撑龙骨的排列方式应选用(3)方式。

4. 纸面石膏板的运输、储存及施工

（1）运输、储存

1）运输中，应避免颠簸，注意防雨。一次吊起最多不得超过两架石膏板，起吊要保持平稳、不得倾斜，确保石膏板两侧边受力均匀。

2）耐水纸面石膏板不应长期处于潮湿、雨水、暴晒的地方。有特殊防水要求和特别潮湿的场合应谨慎使用耐水纸面石膏板。

3）石膏板应储存于干燥和不受阳光直接照射的地方。存放的地面应比较平整，最下面一架与地面之间应加垫条，垫条高 100mm 左右，宽 100～150mm，最高码四架。

（2）施工注意事项

1）吊点位置应根据施工设计图纸，在室内顶部结构下确定。主龙骨端头吊点距主龙骨边端不应大于 200mm。吊杆与室内顶部结构的连接应牢固、安全，吊杆应与结构中的预埋件焊接或与后置紧固件连接。

2）如采用双层纸面石膏板吊顶构造时，上、下层石膏板应错缝布置，石膏板搭接处刷与周围同色乳胶漆，以达到良好的刚度和效果。

3）石膏板上开洞口的四边，应有次龙骨或横撑龙骨作为附加龙骨。

4）板材安装（纸面石膏板、水泥加压平板、硅酸钙板等）应先将板材就位，然后用防锈自攻螺钉将板材与横撑龙骨固定。自攻螺钉中距不得大于 200mm，距石膏板板边应为 10～15mm。

5）纸面石膏板平贴矿棉板时，在石膏板上按选用的矿棉吸声板的规格尺寸放线；矿棉吸声板背面及企口涂专用胶（均匀、饱满），然后按划线位置贴实（气枪钉实）、贴平，板缝顺直。

6）纸面石膏板端头接缝处应开坡口、刮嵌缝腻子、加贴嵌缝带及砂平。纸面石膏板嵌缝腻子，接缝纸带及矿棉板的专用胶均应采用板材生产厂家专用配套材料。配套材料详见表6。

7）当纸面石膏板吊顶面积大于100m²时，纵、横方向每12～18m距离处宜做伸缩缝处理。遇到建筑变形缝处时，吊顶宜根据建筑变形量设计变形缝尺寸及构造。

8）面板的饰面由设计人选定。纸面石膏板安装后，先将自攻螺钉钉头处用腻子找平，用饰面材料配套的界面处理剂对板面进行处理，再做外饰面（采用喷涂、刷涂涂料、油漆、贴壁纸等，穿孔石膏板建议滚涂、刷涂，不宜喷涂）。

9）较大面积吊顶需每隔12m在承载龙骨（主龙骨）上部，用螺栓连接固定横卧主龙骨一道，焊接点处应涂刷防锈漆，以加强承载龙骨（主龙骨）侧向稳定性和吊顶整体性。

10）施工时应将石膏板打字面（有标识面）向上，正面（无字面）向下。

（3）设备末端安装

1）重量小于1kg的筒灯、石英射灯等设施可直接安装在轻钢龙骨石膏板吊顶饰面板上；重量小于3kg的灯具等设施应安装在次龙骨上；重量超过3kg的灯具、吊扇、空调等或有振颤的设施，应直接吊挂在建筑承重结构上。

2）龙骨排布宜与空调送回风口、灯具、消防烟感应器、喷淋头、检修口、广播喇叭、监测等设备的位置错开，不应切断主龙骨。当必须切断主龙骨时，一定要有加强和补救措施，如设转换层、加强龙骨等。

二、矿棉吸声板吊顶

1. 矿棉吸声板吊顶定义及性能

矿棉吸声板（以下简称矿棉板）是以矿渣棉为主要原材料，加入适量的配料粘结剂及附加剂，经成型、烘干、切割、表面处理而成的室内吊顶装修材料。矿棉吸声板具有优良的防火、吸声、装饰、隔热性能，广泛应用于公共建筑和居住建筑室内吊顶。主要技术性能见表9。

矿棉板主要技术性能表　　　　表9

项目	标准要求	执行标准
体积密度（kg/m³）	≤ 500	《矿物棉装饰吸声板》GB/T 25998—2010
弯曲破坏荷载（N）	≥ 40（9mm）	
	≥ 60（12mm）	
	≥ 90（15mm）	
	≥ 130（18mm）	
质量含湿率（%）	≤ 3.0	
受潮挠度（mm）	≤ 3.5	

续表

项目		标准要求	执行标准
放射性核素限量A类	内照射指数	ⅠRa ≤ 1.0	《室内装饰装修材料 人造板及其制品中甲醛释放限量》GB 18580—2017
	外照射指数	Ⅰr ≤ 1.3	
甲醛释放量（mg/L）		≤ 1.5	
石棉物相		0	
燃烧性能		A 级	《建筑材料及制品燃烧性能分级》GB 8624—2012
		B1 级	

注：其他厚度矿棉板的弯曲破坏荷载由线性内插法确定。
表格出处：国家标准图集《内装修—室内吊顶》12J502-2。

（1）燃烧性能：应达到国家标准《建筑材料及制品燃烧性能分级》GB 8624—2012 中 B₁ 级的要求。如需使用 A 级产品，设计订货时应注明。

（2）吸声、降噪性能：矿棉板是由矿棉纤维组成的多孔性质的吸声材料，具有优良的吸声性能。详见表 10。

降噪系数表 表 10

类别		降噪系数（NRC）	
		混响室法（刚性壁）	阻抗管法（后空腔50mm）
湿板法	滚花	≥ 0.50	≥ 0.25
	其他	≥ 0.30	≥ 0.15
干板法		≥ 0.60	≥ 0.30

表格出处：国家标准图集《内装修 - 室内吊顶》12J502-2。

（3）隔热性：矿棉板质轻、导热系数低，具有优良的保温隔热性能，是良好的节能材料。

（4）装修及安装：矿棉板花色图案繁多，可选性强，可根据厂家提供的资料选用。根据矿棉板裁口方式、板边形状的不同，有复合粘贴、暗插、明架、明暗结合等灵活的吊装方式，供设计人选用。矿棉板吊顶还可与纸面石膏板吊顶或金属板吊顶形成多种组合吊顶形式。

2. 矿棉吸声板品种、规格

矿棉吸声板品种、规格及边头形式详见表 11。

3. 矿棉吸声板吊顶设计要点

（1）首先确定吊顶形式，选定安装方式、配套龙骨及矿棉吸声板品种型号进行顶平面设计，确定风口、灯具、喇叭、喷淋、烟感等设施的位置。

矿棉板品种、规格及边头形式表 表 11

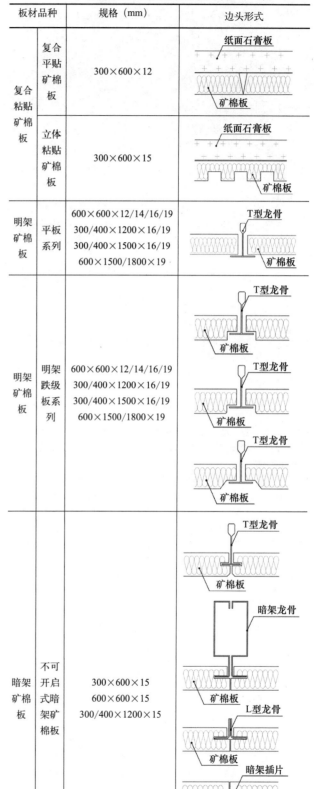

板材品种		规格（mm）	边头形式
复合粘贴矿棉板	复合平贴矿棉板	300×600×12	纸面石膏板 / 矿棉板
	立体粘贴矿棉板	300×600×15	纸面石膏板 / 矿棉板
明架矿棉板	平板系列	600×600×12/14/16/19 300/400×1200×16/19 300/400×1500×16/19 600×1500/1800×19	T型龙骨 / 矿棉板
明架矿棉板	明架跌级板系列	600×600×12/14/16/19 300/400×1200×16/19 300/400×1500×16/19 600×1500/1800×19	T型龙骨 / 矿棉板
暗架矿棉板	不可开启式暗架矿棉板	300×600×15 600×600×15 300/400×1200×15	T型龙骨 / 矿棉板；暗架龙骨 / 矿棉板；L型龙骨 / 矿棉板；暗架插片 / 矿棉板；工型龙骨 / 矿棉板

续表

板材品种		规格（mm）	边头形式
暗架矿棉板	开启式暗架矿棉板	300×600×15 600×600×15 300/400×1200×15/19	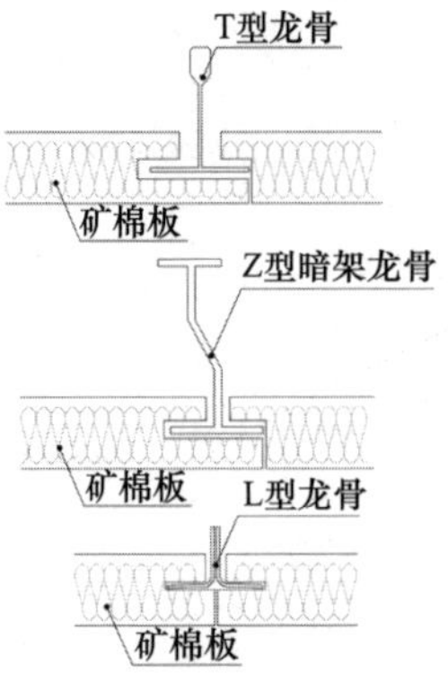T型龙骨 矿棉板 Z型暗架龙骨 矿棉板 L型龙骨 矿棉板
明暗架矿棉板	开启式暗架矿棉板	300×600×15 600×600×15 300/400×1200×15/19 300/400×1500×15/19 300/400×1800/2100/2400×19	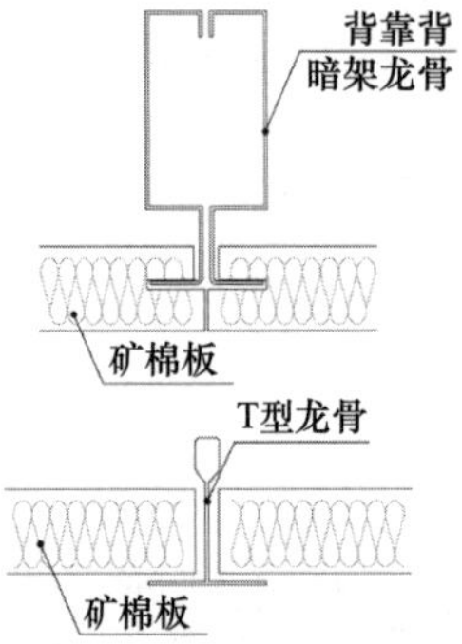背靠背 暗架龙骨 矿棉板 T型龙骨 矿棉板

注：1. 矿棉板的四边必须搭在龙骨上。
2. 矿棉板的长度在确定的状态下，其宽度不能超过610mm。
3. 龙骨选择应符合国家标准《建筑用轻钢龙骨》GB/T 11981—2008的要求。

表格出处：参考国家标准图集《内装修-室内吊顶》12J502—2，部分调整。

（2）燃烧性能等级：《建筑内部装修设计防火规范》GB 50222—2017第3.0.4条明确规定，安装在金属龙骨上燃烧等级能达到B_1级的矿棉板可作为A级装修材料使用。

（3）吊顶系统的稳定牢固至关重要。因此主龙骨、T型主龙骨、T型次龙骨的组合搭配及配件一定要适配成系统，详见表12。

（4）矿棉板吊顶是轻型吊顶，根据使用情况分为上人吊顶和不上人吊顶两种，有明架或开启式暗架。由于矿棉板可以托起，不需上人即可检修，主龙骨通常采用C38，吊杆一般采用ϕ6钢筋吊杆或M6全牙吊杆以及相应吊件。吊顶如需上人检修，必须考虑80kg的集中荷载，主龙骨需采用CS50或CS60及相应配件，吊杆采用ϕ8钢筋吊杆或M8全牙吊杆；直接吊装时可采用12号镀锌钢丝。

（5）重量超过3kg的灯具、水管和有振动的电扇、风道等，则需直接吊挂在结构顶板或梁上，不得与吊顶系统相连。

（6）造型吊顶如荷载较大，需经结构专业验算确定，并采取相应加固措施。

（7）有特殊要求的矿棉板，如防潮、防水、燃烧性能等级达到A级等，在设计时应予以注明。

矿棉吸声板吊顶龙骨系列表 **表12**

产品名称	适用范围及特点	规格型号		尺寸（mm）								备注
		轴测图	剖面图	A	A′	B	B′	C	C′	T	长	
主龙骨（承载龙骨）	吊装用承载龙骨C38主龙骨用于不上人吊顶。CS50与CS60用于上人吊顶	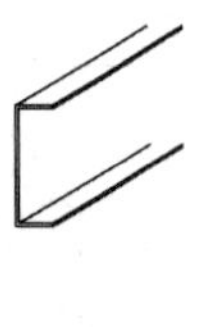 U型	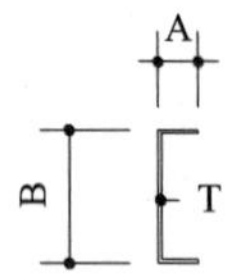A B T	12	—	38	—	—	—	1.0 1.2	—	同吊顶轻钢龙骨C38厚度不同
				15	—	50	—	—	—	1.2 1.5	—	CS50
		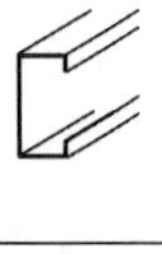 C型	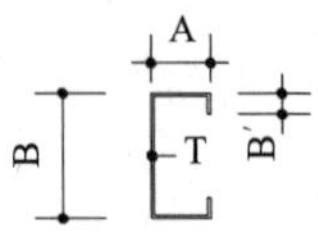A B T B′	27	—	60	5.5	—	—	1.2	—	同吊顶轻钢龙骨CS60
				30	—	60	10	—	—	2.0	—	
次龙骨（覆面龙骨）	与承载龙骨配合使用。吊顶轻钢龙骨C50用于固定基材后复合粘贴矿棉板	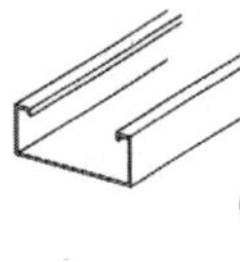 C型	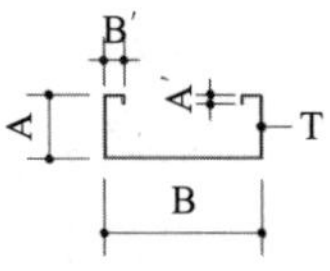B′ A′ A T B	19	2.5	50	5.5	—	—	0.5	—	—

续表

产品名称	适用范围及特点	规格型号		尺寸（mm）								备注
		轴测图	剖面图	A	A'	B	B'	C	C'	T	长	
宽带 T型主龙骨 （烤漆龙骨）				38 32	—	24	7	—		0.3	3000 3600 3050 3660	—
宽带 T型次龙骨 （烤漆龙骨）				25	—	24	5	—		0.3	1220 1200 600 610	—
窄带 T型主龙骨 （烤漆龙骨）				32	—	14	—	—	—	0.3	3000 3050	—
窄带 T型次龙骨 （烤漆龙骨）	适用于明架平板或跌级矿棉板			32	—	14	6.2	—		0.3	600 610	—
宽带凹槽 T型主龙骨				32	—	24	6.2	—		0.3	3000 3050	
窄带凹槽 T型主龙骨				32	—	24	5	—		0.3	600 610 1200 3000	
窄带凹槽 T型主龙骨				32	6.2	14	—	—		0.30	3000 3050	—
窄带凹槽 T型次龙骨				32	6.2	14	—	—		0.30	1200 1220 600 610	—
立体凹槽 主龙骨	适用于跌级矿棉板			32 38	6	16 14.6	—	—		—	3000	—
立体凹槽 次龙骨				32 38	6	16 14.6	—	—		—	600 1200	

Section1
概论

室内吊顶
综述

室内吊顶
分类

工程做法

续表

产品名称	适用范围及特点	规格型号		尺寸（mm）								备注
		轴测图	剖面图	A	A′	B	B′	C	C′	T	长	
边龙骨	适于用矿棉板吊顶收边			38	10	25	—	—	—	—	3000	—
				22	—	22	—	—	—	—	3000	—
				22	—	14	—	—	—	—	3000	—
				25 37	15 22	21 30	—	—	—	—	3000	—
				22	7	14	—	—	—	—	3000	—
暗插龙骨（H型轻钢龙骨）	适用于暗架板			20	—	20	—	—	—	—	3000	—
暗插龙骨（Z型轻钢龙骨）	适用于开启式暗架板			55	—	22	13	—	—	—	3000	—
暗架龙骨（C型次龙骨）	承载吊顶荷载的主要构件			38 55	11	8	—	—	—	—	1500 1800 2100 2400	—
明暗架L型次龙骨	承载吊顶荷载的主要构件			28	—	11	—	—	—	—	1200	—
铝合金T型主龙骨	承载吊顶荷载的主要构件			40 65	—	30 32 35	—	8	—	—	3000	—
铝合金主龙骨	承载吊顶荷载的主要构件			40	—	50	—	—	—	—	3000	—

产品名称	适用范围及特点	规格型号		尺寸（mm）								备注
		轴测图	剖面图	A	A'	B	B'	C	C'	T	长	
匠星龙骨	吊顶系统的收边或过渡			20	—	50 100					3100	—
D-T 吊件	暗架吊顶主龙骨与 H 型龙骨连接件			48	—	30		20				CS38 主龙骨与 T 型主龙骨连接
D-T 长吊件				118	—	30		25				CS50 主龙骨与 T 型主龙骨连接

注：1. 烤漆龙骨以镀锌钢带、彩色喷塑带复合冷弯而成，断面为 T 形。烤漆龙骨主要与矿棉板配套使用，也可与其他轻质板材配套使用，还可根据需求选用铝合金龙骨。

2. T 型龙骨厚度以厂家产品实际厚度为准，并应符合国家规范要求。

3. 吊件配合吊杆将承载龙骨稳固的悬吊于楼板下，吊杆与楼板的结合要安全可靠，吊杆还可调整长短。T 型龙骨厚度以厂家产品实际厚度为准，并应符合国家标准《建筑用轻钢龙骨》GB/T 11981 的规定。

表格出处：参考国家标准图集《内装修—室内吊顶》12J502—2，部分调整。

（8）洁净室矿棉板应有密封条，与 T 型龙骨粘合无缝，应设保持夹、压入式夹子，将板面与龙骨紧紧压实无缝，并防止板面因风压弹起。

（9）吊顶内设施过多，吊杆无着力点时应设转换架。

（10）有特殊声学要求的室内吊顶，应配合声学设计选配吊顶板。

4. 矿棉吸声板的运输、保管与施工

（1）搬运和操作

1）运输装车时，车厢内要清洁干净，尤其不能有水、油污、硬块等污物；要轻装轻卸，切勿立面堆放，防止一角落地。

2）运输时绑绳与矿棉板箱接触部位要有护角，以防箱板破损。

3）运输过程中严禁受潮和雨淋。

4）运输和存放请注意包装箱上的警示标志。

5）矿棉板及其配件等，操作时应佩戴清洁的手套，保证板面洁净。

（2）材料的保管

1）矿棉板及其施工配件应存放于干燥、通风、清洁的室内，以防受潮变形。

2）在保管时应避免矿棉板的角、棱边及配件受到损伤，堆放时应注意距离墙面 40mm 以上，用高于地面 150mm 的木托板架支撑、放平，堆码高度不宜超过 10 层，防止跌落。

（3）材料加工

现场加工、施工过程中，裁切的矿棉板若断面不整齐，应采用木工粗锉或砂纸加工平整。

（4）施工环境

1）吊顶内配管（配线）工程、灯具部分吊件安装、上（下）水管道试压、室内墙面、柱面或其他面层抹灰等湿作业工程，应提前完成，并充分干燥。

2）新建筑物，要通风良好，特别是寒冷地区要进行供暖。

3）矿棉板应在空气相对湿度 80% 以下、温度不超过 40℃ 的环境中施工和使用，特殊产品除外。

4）不得在含有化学气体、振动的环境中安装使用。

（5）施工注意事项

1）矿棉板吊顶应按设计构造进行施工，要确保吊点连接牢固、平整度符合标准。

2）施工前要充分检查基层，避免高低不平、弯曲等。

3）龙骨安装，先根据吊顶高度在墙上放线，吊装主龙骨时，基本定位后，再找平下皮（包括必要的起拱量），根据不同板材拉线确定主、次龙骨位置，并调整平行度、垂直度和直线度。要求龙骨系统稳定牢固。

4）复合粘贴矿棉板的接缝和基底材料的接缝不应重叠。

5）安装前注意矿棉板包装箱外所示生产日期，同一房间应尽可能安装使用相同日期生产的板材。

6）粘结剂均匀涂布，将板材放到既定位置上用专用钉固定。

7）矿棉板上不得放置和安装任何物品。

8）安装中要注意保持矿棉板背面所示箭头方向一致，以保证花型、图案的整体性和方向性。

（6）施工后的养护

1）复合粘贴板施工后72h内，避免碰撞和振动。

2）矿棉板安装完毕的房间要注意通风，降低室内空气的相对湿度。为避免板材变形，在湿度较大的地区，房间内应设置空调。

3）安装时和安装后，吊顶不得因建筑物漏水而受潮或因相对湿度过大造成板面出现冷凝水。

4）房间长期空置时，应注意通风换气，以避免温度高、湿度大使矿棉板产生变形。

5）维修时，拆下的矿棉板要整齐平放，不能侧立靠墙放置，否则会发生弯曲变形，同时应避免矿棉板的角、棱边及配件受损伤。

三、玻璃纤维吸声板吊顶

1.玻璃纤维吸声板定义及性能

（1）玻璃纤维吸声板定义

玻璃纤维吸声板基材是高密度玻璃纤维，正面是经过特殊处理的涂层，背面是玻璃纤维布，板边经过强化和涂漆处理。玻璃纤维吸声板吊顶系统重量轻、不易下陷、不吸潮、无静电，在高温潮湿环境下不变形翘边，有一定的抗菌、抗碱能力及防尘耐脏性，可擦洗，便于日常清洗护理，易于安装拆卸；可根据设计要求加工弯曲造型，适宜用在吸声降噪、卫生要求

较高、人员流动量大的场所。

（2）玻璃纤维吸声板性能

1）吸声性能：目前市场上的玻璃纤维吸声板产品通常吸声频率在100～5000Hz中的某个频率段，吸声性能较强，而其他频段则比较弱。不能全面地体现综合吸声性能。玻璃纤维吸声板吊顶对使用环境中各种噪声具有减弱的功能。

2）玻璃纤维吸声板燃烧性能等级为B_1级，符合国家相关规范要求。

3）玻璃纤维吸声板不含铅、汞、铬、石棉等有害毒物，无异味。

4）透光型板材，透光率为45%，可在吊顶内部安置照明，创造室内均衡柔和的光环境。

2.玻璃纤维吸声板规格

玻璃纤维吸声板规格尺寸及弧形吊顶板规格尺寸详见表13、表14、图6。

玻璃纤维吸声板吊顶系统及板材规格表　表13

吊顶系统		板材规格尺寸（mm）
明架平板		600×600/1200/1800/2400×12/15 1200×1200/1800×12/15
暗架开槽板		600×600/1200×12/15 1200×1200×12/15
暗架开启板		600×600/1200/1600/1800×12/15 1200×1200×12/15
半明架 跌级板		600×600/1200/1600/1800×12/15 1200×1200×12/15
凸型凹槽 跌级板		600×600×12/15

表格出处：参考国家标准图集《内装修—室内吊顶》12J502—2，部分调整。

弧形吊顶板规格表　表14

规格	板材尺寸（mm）					
A	1200	1200	1200	1200	1200	H
B	300	450	600	800	1200	
	•					210
		•				210
				•		310
					•	380

续表

规格 弧形吊顶板剖面	板材尺寸（mm）					
	A	1200	1200	1200	1200	1200	H
	B	300	450	600	800	1200	
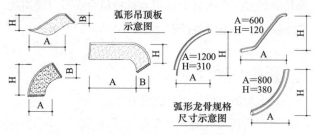	•					300
		•				450
			•			300
			•			450

表格出处：参考国家标准图集《内装修—室内吊顶》12J502—2，部分调整。

图6　弧形吊顶板及龙骨规格示意图

图片出处：参考国家标准图集《内装修—室内吊顶》12J502—2，部分调整。

3. 玻璃纤维吸声板吊顶系统

玻璃纤维吸声板吊顶系统为非结构性吊顶板悬吊式吊顶系统，其组成如下：

（1）玻璃纤维吸声板，不含甲醛热塑型复合聚酯粘合剂粘合的玻璃纤维棉片，表面为FR聚酯无纺布料，或玻璃纤维布刷无机材料涂层。

（2）T型金属龙骨悬吊系统组成吊顶构架。

（3）玻璃纤维吸声板配套龙骨及配件详见表15、表16。

玻璃纤维吸声板配套龙骨表			表15
龙骨名称	长度（mm）	吊顶板板头形式	轴测图及尺寸（mm）
T24 主龙骨	L = 3700		38 / 24
T24 次龙骨	L1 = 300 L2 = 600 L3 = 1200		32 / 24
T15 主龙骨	L = 3700		38 / 15

续表

龙骨名称	长度（mm）	吊顶板板头形式	轴测图及尺寸（mm）
T15 次龙骨	L1 = 600 L2 = 1200		32 / 15
凹槽主龙骨	L = 3600		41 / 14
凹槽次龙骨	L1 = 600 L2 = 1200		41 / 14
T 型暗龙骨	配合暗插片 使用 L = 3700		38 / 24
T24 开启式 暗架龙骨	L1 = 1600 L2 = 1800 L3 = 2000 L4 = 2400		38 / 24
Z 型暗龙骨	L = 4000		25 / 25
H 型暗龙骨	L = 3000		20 / 20
暗插片 （不易开启）	配合 H 型 暗龙骨使用 L = 300 L = 600		300 / 22.5
暗插片 （可开启）	L = 300		38 / 12
边龙骨	L = 3000		22 / 22
收边条	L = 3000		38.5 / 25.4

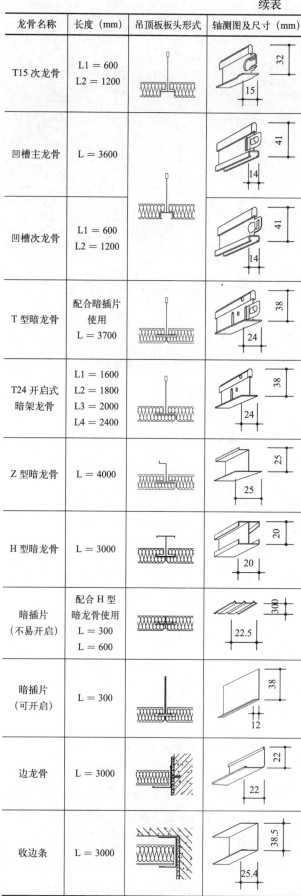

续表

龙骨名称	长度（mm）	吊顶板板头形式	轴测图及尺寸（mm）
阶梯型 边龙骨	L = 3000 A = 5.5 A = 8.5		
阶梯型 边龙骨	L = 3000		
阶梯型 边龙骨	L = 3000		
阶梯型 边龙骨	L = 3000		

表格出处：国家标准图集《内装修—室内吊顶》12J502—2。

玻璃纤维吸声板吊顶龙骨配件表 表16

配件名称	适用范围及特点	图形及尺寸 （mm）	尺寸（mm）	
			A	B
90°转角 卡子	转角卡子可用于主龙骨与次龙骨交接处的固定连接			
弧形板 连接件	用于弧形板交界处板缝内部连接，使交接处更加紧密			
悬浮式 收边饰件	用于吊顶板收边，可形成悬浮式吊顶效果（该收边饰件可以以半径为1200形成内曲或外曲）		75 146	19
镶嵌固定 扣槽（直接安装）	固定扣槽主要用于玻纤板吊顶的直接安装		11	16
镶嵌扣件	通过镶嵌扣件将固定扣槽与玻纤板连接固定		6	16

表格出处：国家标准图集《内装修—室内吊顶》12J502—2。

4. 玻璃纤维吸声板施工工艺及注意事项

（1）根据设计要求，按照实际测量出的吊顶形状及尺寸在工厂加工成形，待现场围护结构、外墙、门窗施工完成、室内设施（消防、空调、通风、电力等）安装就位后方可进行吊顶龙骨安装。

（2）一般轻型灯具、风口可吊挂在现有或附加的主、次龙骨上。重型灯具、水管和有振动的电扇、风道等，则需直接吊挂在结构顶板或梁上，不得与吊顶系统相连。

（3）安装顺序为：吊杆→T型龙骨→边龙骨→玻璃纤维吸声板吊顶板材→清洁。

安装时注意：

① 根据设计要求加工选用龙骨尺寸。

② 玻璃纤维吸声板花色由设计选定，异形板需依据设计要求工厂加工定制。

（4）玻璃纤维吸声板吊顶系统施工应符合设计要求及现行《建筑装饰装修工程质量验收规范》GB 50210的相关规定，所有材料环保要求应符合现行《民用建筑工程室内环境污染控制规范》GB 50325的规定。

四、金属板（网）吊顶

1. 金属板（网）吊顶定义及性能

（1）金属板（网）吊顶定义

金属板（网）吊顶是块板面层吊顶的另一大类，通常采用铝合金基材、钢板基材、不锈钢基材、铜基材等金属材料经机械加工成型、表面处理，是集装饰性和功能性于一体的金属饰面材料；包括起绒、镜面、浮雕、镀锌、阳极氧化、哑光、亮光和金属色等多种金属饰面，可满足不同的装饰效果要求。

（2）金属板（网）性能

1）声学性能：为提高金属板（网）吊顶的吸声性能，常在金属面板上做穿孔处理，并在金属板背面贴覆0.2mm厚玻璃纤维无纺布，孔形规格及间距根据建筑室内所需混响时间确定。

2）燃烧性能等级：金属板（网）吊顶材料燃烧性能等级为A级，符合国家标准《建筑材料及制品燃烧性能分级》GB 8624的要求。

2. 金属板（网）品种、规格及特点

金属板（网）吊顶广泛用于公共建筑、民用建筑的各种场所吊顶，常用的产品主要分类详见表17。

金属吊顶产品分类表 表17

按使用区域分类	室内型、室外型
按面板形状分类	条板、块板、异形板、格栅、网状
按材质分类	铝合金、镀锌钢

表格出处：国家标准图集《内装修—室内吊顶》12J502—2。

金属板（网）类吊顶饰面材料品种繁多、形式丰富、规格多样，有平面、弧形、波浪形、放射形、圆形、矩形板、条板、300C宽板、非标宽板（复合板）、格栅、挂片、垂片、挂板、金属网（格）、方通、穿孔板等规格及形式。

金属板（网）品种、规格及特点详见表18～表21及图7、图8。

金属板形式及规格表　表18

金属板形式	图示	规格	图示	规格
金属宽板		300A		多模数宽板
		300C		
金属条形板		30BD		30/80/130/180B
		75/150/225		80/84B
		84R		84C
		70/185U		150/200F

注：金属条形板板宽有30～225mm多种规格，板长可达3000mm；有50～100mm等多种模数的安装系统可供选择；有穿孔吸声处理或平板造型可供选择；可加工成弧形或波浪形。

金属方形板形式、规格及特点　表19

金属板形式	规格（mm）	安装形式	特点
方形板	300×300	明架式 暗架式 钩挂式	穿孔吸声
	600×600		平板造型

续表

金属板形式	规格（mm）	安装形式	特点
矩形板	300×600	明架式 暗架式 钩挂式	穿孔吸声
	600×1200		平板造型

金属块板产品按表面工艺品种分类及性能特点

表20

金属板名称	表面工艺	性能特点
滚涂板	采用无烙处理液进行操作，弥补了覆膜板易变色的缺陷，滚涂油漆含有活性化学分子，促使材料表面形成一种保护层。活性化学分子稳定易回收，满足环保要求	耐高温性能好；环保，不易变黄及氧化；其表面的氧化膜具有很强的附着力，抗氧化性好、耐酸、碱性强、耐腐蚀、耐紫外线照射等特点；色泽均匀、颜色细腻
纳米技术板	基板采用铝型材，加入镁、锰微量元素，较大限度提升了基板的伸缩性和强度，表面采用三道优质涂料，干燥固化后，再对板面进行高性能纳米处理	易清洁，不易划伤变色
拉丝板	拉丝板，运用高速磨砂及二涂二烤的生产工艺对产品进行改变，通过224～225℃的高温并在高压的状态下对产品表面的纹理和色彩光泽度进行改变	独特的纹理层，增加了产品外观质感
阳极氧化板	采用铝的电化学氧化处理。将铝的制件作为阳极，采用电解的方法使其表面形成氧化物薄膜。金属氧化物薄膜改变了其表面状态和性能	表面着色，提高耐腐蚀性，增强耐磨性及硬度，保护金属表面等
浮雕工艺板	浮雕工艺板，运用了浮法空刻浮雕工艺，在精选铝材外加设一层着色层，其上由反光浮雕螺距排列而组成反光带	具有自然反光性好、轮廓清楚、排列整洁、美观、寿命较长、不易氧化等特点
不锈钢板	表面处理可为拉丝、发纹、乱纹、磨砂、喷砂、镜面、蚀刻，亦可根据需要对其做穿孔、锤击等特殊肌理处理。颜色除了本色外，还可采用电镀、水镀等工艺加工为黑金（黑钛）色、宝石蓝色、钛金色、咖啡色、茶色、紫红色、古铜色、玫瑰金、钛白色、翠绿色、绿色、香槟金、青古铜色、锆金色、棕色、玫瑰金色等颜色	不锈钢板表面光洁，可塑性及韧性较强，耐腐蚀

开透式吊顶形式、规格及特点   表 21

开透式吊顶形式	规格（mm）	特点	安装形式
格栅吊顶	50×50 ～ 200×200	格栅采用锻造和模压成形技术，精度比较高，顶部有内向折边，使产品更加坚固、平整、不易变形。表面采用预滚涂方式对其表面进行处理，色彩丰富、经久耐用。格栅有不同宽度和高度，可表现吊顶的层次感。格栅易与照明、风口、空调、喷淋等设备结合	吊挂网架系统使每个单元组块可以从下向上拆卸，安装便捷。格栅系统吊顶为一些需要通透、轻巧结构的空间提供了理想的吊顶解决方案。该系统可在同一吊顶中灵活应用不同的模数
圆管吊顶	70 ～ 90	圆管采用预滚涂铝合金卷材经辊压成形，产品材质轻盈，安装系统多样，外观效果独特，是一款风格新颖的格栅类吊顶产品	有直径 70mm 和 90mm 两种标准规格。采用 30×50 U 型件龙骨或特制龙骨等不同安装系统
金属网（格）	穿孔率 65%	金属表面经静电粉末喷涂、阳极氧化、丙烯酸处理后，坚固、美观、耐气候、不易变形，这些金属网燃烧性能等级均为 A 级。面板有不同种类的网孔形状和材质可供选择，网孔方向以及照明和颜色的变化，使吊顶设计更有个性，更具时尚气息，表现得更加通透和富有动感	明龙骨和隐形龙骨两种安装方法
垂片	—	是将面板垂直安装的一种吊顶产品，垂片具有结构简单、线条明快、层次分明的特点	—
挂片	100、150、200	挂片结构简单、层次丰富，且具有可调整挂片方向、改变原吊顶造型的特点	边缘棱 V 形角使面板挂装更加稳固，板型更加饱满；通过特制的可施转铰扣以及龙骨的变化可实现弧形、斜面和放射的效果
U 型挂板	100、200	造型丰富多样，可满足不同的设计要求，可灵活地调节上部空间的视觉高度	—
V 型挂板	100、200	V 型挂板线条明快飘逸、层次分明，给人独特的视觉效果	—

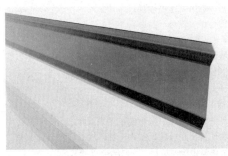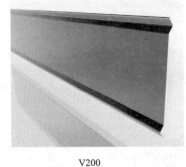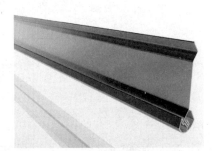

V100   V200   V100D

图 7　V 型挂板

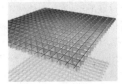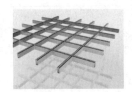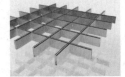

图 8　格栅吊顶

3. 金属板（网）吊顶系统

（1）金属板（网）吊顶系统由金属面板或金属网、龙骨及安装辅配件（如面板连接件、龙骨连接件、安装扣、调校件等）组成。构造做法见图 9。

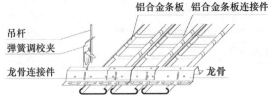

图 9　金属板（网）构造示意图

图片出处：国家标准图集《内装修—室内吊顶》12J502—2。

（2）常见标准板型号及配套龙骨常见标准板型号及配套龙骨详见表22～表24。

条状吊顶板型号及配套龙骨表　　表22

序号	产品型号	剖面图	配套龙骨
1	84宽C型条板		84C型龙骨条板龙骨等
2	84宽R型（R型弧形）条板		V系列龙骨、弧形龙骨、可变曲龙骨（配合弧形钢基架）、无钩齿龙骨（配合蝶形夹）等
3	30/80/130/180宽多模数B型条板30BD型30宽条板		多模数B型龙骨、可变曲龙骨（配合弧形钢基架）、无钩齿龙骨（配合蝶形夹）等
4	75C/150C/225宽C型条板		75C/150C/225C条板型龙骨
5	300宽C型条板		吊架式、暗架式龙骨、吊扣、垂直吊扣等
6	300宽弧形条板		暗架/吊架龙骨、暗架专用卡件、离缝卡件、防风夹、螺丝固定夹、吊扣、垂直吊扣等
7	150/200宽条板		150/200龙骨、150/200螺丝固定夹、U型防风扣等

表格出处：国家标准图集《内装修—室内吊顶》12J502—2。

块状吊顶配套龙骨表　　表23

序号	产品型号	剖面图	配套龙骨
1	暗架式		暗架龙骨、十字连扣、旋转十字连扣、吊扣、垂直吊扣等
2	明架式		T型龙骨、专用吊件等
3	勾挂式		Z型龙骨、L型基脚钢、Z型防风扣等
4	网架式		C型网架吊板、吊板连接件、墙身固定件、C型网架吊板、十字连扣、L型基脚钢等

表格出处：国家标准图集《内装修—室内吊顶》12J502—2。

格栅吊顶型号及配套龙骨表　　表24

序号	产品型号	剖面图	配套龙骨
1	100垂片/200垂片		100/200垂片龙骨、可旋转格栅吊扣
2	20/50/50/15方格		主龙骨连接件、弹簧吊扣、滑动扣、主龙骨扣
3	100/150型网格		专用轴套、吊扣、暗架龙骨

表格出处：国家标准图集《内装修—室内吊顶》12J502—2。

（3）金属条形板安装形式及特点详见表25。

金属条形板安装形式及特点　　表25

安装系统	图示	特点
A型系统	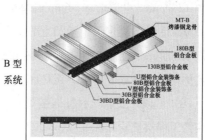	直角密闭式设计，板之间缝隙紧密，使吊顶表面平整、整体感强
B型系统	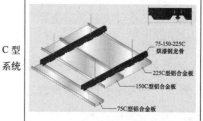	面板棱角分明，线条感很强，具有简约明快的时尚之美
C型系统		采用密闭式设计，面板紧密相靠，面板翻边呈45°倒角，安装后形成的V形凹槽具有装饰性
F型系统		面板之间为独特的互插式安装结构，具有防风避雨的特征，可抵御户外恶劣气候条件

续表

安装系统	图示	特点
R型系统	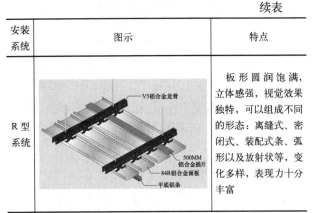 V5铝合金龙骨 500MM铝合金插片 84R铝合金面板 平底铝条	板形圆润饱满，立体感强，视觉效果独特，可以组成不同的形态：离缝式、密闭式、装配式条、弧形以及放射状等，变化多样，表现力十分丰富

注：1. 金属块板的翻边形式有圆弧形、斜角或直角三种。
2. 接缝方式有开透式和密闭式两种；开透式可嵌装饰线条或转换成密闭接缝。

4. 金属板（网）吊顶施工注意事项

（1）板面外观：板材边缘应齐整，不允许有开焊出现。面层不得有明显压痕及凹凸等痕迹。铝及铝合金吊顶板厚度大于等于0.35mm；铝蜂窝吊顶板整板厚度大于等于0.5mm；钢板吊顶厚度大于等于0.30mm。用于室内的金属板（网）吊顶表面涂层处理有辊涂、液体喷涂、静电粉末喷涂、覆膜、阳极氧化等。

（2）龙骨强度：最大弹性变形量小于或等于10mm，塑性变形量小于或等于2mm。龙骨强度检测，需在两根承载龙骨上放置1200mm×400mm×24mm的垫板，龙骨加载500N，5min后分别测定两根承载龙骨的最大挠度值；卸载3min后，分别测定两根承载龙骨的残余变形量。取其平均值为测定值，精确到0.1mm。

（3）金属板（网）吊顶的安装验收标准按照国家标准《建筑装饰装修工程质量验收标准》GB 50210—2018执行。

（4）金属板（网）吊顶系统安装应结合照明、音响、消防系统等统筹考虑。

（5）安装工序通常可参考以下步骤：划线定标高→吊杆安装→安装龙骨→调校水平→固定修边→安装面板→清洁保养。

（6）金属板（网）吊顶的边龙骨应安装在房间四周围护结构上，下边缘与吊顶标高线平齐，并按墙面材料的不同选用射钉或膨胀螺栓等固定，固定间距宜为300mm，端头宜为50mm。

（7）龙骨与龙骨间距不应大于1200mm。单层龙骨吊顶，龙骨至板端不应大于150mm。双层龙骨吊顶，边部上层龙骨与平行的墙面间距不应大于300mm。

（8）当吊顶为上人吊顶、上层龙骨为U型龙骨、下层龙骨为卡齿龙骨或挂钩龙骨时，上人龙骨通过轻钢龙骨吊件（反向）、吊杆（或增加垂直吊件）与上层龙骨相连；当吊顶上、下层龙骨均为A字卡式龙骨时，上、下层龙骨间用十字连接扣件连接。

（9）在安装过程中，施工人员不可直接站在面板或龙骨上施工。

（10）金属板（网）吊顶的设备开孔处应附加龙骨予以加固。

（11）灯具及其他设备末端需自行吊挂在结构顶板及梁上，未经设计计算不可直接着力于面板或龙骨上。

（12）金属板（网）吊顶板的自粘保护膜宜在产品出厂的45天内撕去。

五、柔性（软膜）吊顶

1. 柔性（软膜）吊顶定义及性能

柔性（软膜）吊顶是一种新型吊顶系统，在室内工程中常用于发光顶棚。柔性吊顶具有质地轻、柔韧性强、造型自由、制作简易、安装快捷、阻燃、节能、安全等优点，是近年来深受设计师喜爱的一种新型吊顶系统，广泛应用于会所、体育场馆、办公室、医院、大型卖场、音乐厅、会堂等公共建筑室内吊顶工程中。

材料燃烧性能等级为B₁级的柔性软膜采用特殊的聚氯乙烯材料制成；材料燃烧性能等级为A级的柔性软膜采用玻璃纤维材料为基层，表面进行硅化物涂层处理而成。透光类柔性软膜由于材料成分不同，其燃烧性能等级与透光率也各不相同。材料燃烧性能等级为B₁的透光膜，在封闭空间内透光率为45%～55%；材料燃烧性能等级为A级的透光膜，在封闭空间中透光率为30%～45%。

2. 柔性（软膜）吊顶的组成及分类

（1）柔性（软膜）吊顶系统由软膜、软膜扣边、龙骨三部分组成。龙骨名称及规格见表26，安装构造参考图10。

柔性（软膜）龙骨名称及规格		表26	
龙骨名称	规格型号	尺寸（mm）	
		A	B
纵双码		39.6	11.9
F码		20.4	17
扁码		29.5	8.4
横双码		31.3	15.6
楔形码		49.5	20.9

表格出处：国家标准图集《内装修—室内吊顶》12J502—2。

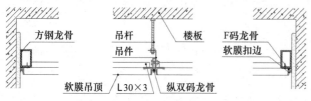

图10　柔性（软膜）吊顶构造图

图片出处：国家标准图集《内装修—室内吊顶》12J502—2。

（2）软膜种类

① 透光膜：颜色呈白色或乳白色、半透明。由于透光膜所采用的材质有所不同，其燃烧性能等级分为 B_1 级、A级。透光率也不相同，燃烧性能等级为 B_1 级的透光膜在封闭空间内透光率为70%；燃烧性能等级为A级的透光膜在封闭空间内透光率为55%。由于各厂家生产产品不同，故透光率以具体产品为准。

② 光面膜：有很强的光感，能产生类似镜面的反射效果。

③ 缎面膜：光感次于光面膜。

④ 亚光膜：光感次于缎面膜，视觉效果柔和。

⑤ 金属面膜：具有一定的金属质感及金属光泽。

⑥ 压纹膜：软膜表面有凹凸花纹。

⑦ 印花膜：软膜表面印有花纹图案。

⑧ 喷绘膜：可依据设计选定的图案在软膜上喷绘。

⑨ 鲸皮面膜：表面呈绒毛状，具有一定的吸声性能。

⑩ 针孔膜：可根据工程要求做出10mm直径以下的小孔，以增加吸声功能。

（3）柔性软膜龙骨采用铝合金挤压而成，常见的有五种，分别是：扁码、F码、纵双码、横双码、楔形码。柔性软膜龙骨名称及规格详见表26。

（4）自身韧性较大的柔性软膜，因其易于塑形，扣边由与膜体相同材质（半硬质聚氯乙烯）挤压成形，并焊接于软膜的四周边缘，以便于配合扁码、F码、纵双码、横双码使用。此种膜材的燃烧性能等级通常为 B_1 级。而自身韧性较小的柔性（软膜），因其不易于拉抻，应配合楔形码使用。此种膜材的燃烧性能等级通常为A级。

3. 柔性（软膜）吊顶施工工艺及注意事项

（1）根据设计要求，按照实际测量出的吊顶形状及尺寸在工厂加工成形，必须在现场围护结构、外墙、门窗完成、室内设施（消防、空调、通风、电力等机电设施）安装就位后方可进行吊顶龙骨安装。

（2）光源排布间距与箱体深度以1：1为宜，即灯箱深度如为300mm，光源排布间距也应为300mm。建议箱体深度控制尺寸在150～300mm之间，以达到较好的光效。

（3）作为光源（灯箱体）散热吊顶时，吊顶内部应做局部开孔处理，开孔位置建议设置于灯箱体侧面以防尘，同时粘贴金属纱网防虫。

（4）设备末端不得直接安装于膜面，如需安装则应自行悬挂于结构顶板或梁上，不得与吊顶体系发生受力关系。

（5）当需进行光源维护时，应采取专用工具拆卸膜体。

（6）柔性软膜吊顶角拼接示意见图11。

Section1
概论

室内吊顶综述
室内吊顶分类
工程做法

Section1
概论

室内吊顶
综述

室内吊顶
分类

工程做法

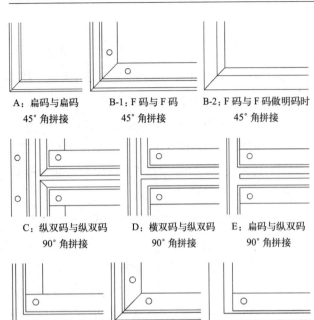

A：扁码与扁码
45°角拼接

B-1：F码与F码
45°角拼接

B-2：F码与F码做明码时
45°角拼接

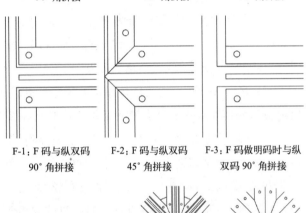

C：纵双码与纵双码
90°角拼接

D：横双码与纵双码
90°角拼接

E：扁码与纵双码
90°角拼接

F-1：F码与纵双码
90°角拼接

F-2：F码与纵双码
45°角拼接

F-3：F码做明码时与纵
双码90°角拼接

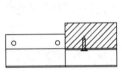

G：扁码与F码直接连接　　　　H：按拼接线安装龙骨

图 11　柔性（软膜）吊顶角拼接示意图

图片出处：国家标准图集《内装修—室内吊顶》12J502—2。

六、集成模块吊顶及其他

1. 集成模块吊顶

(1) 集成模块吊顶定义

集成模块吊顶系统是由若干个模块——金属板模块与照明模块、换气模块、采暖（通风）模块等——加工为标准规格模块组合集成为一体的吊顶系统。由于其安装简单、布置灵活、检修方便，早期应用于家庭装修的卫生间及厨房。随着市场的发展，产品也在推陈出新，逐渐涌现出更多的模块形式及规格，能适用于不同的室内空间。

(2) 集成模块吊顶组成

1）龙骨：主龙骨、次龙骨、三角龙骨等；

2）配件：吊杆、吊件、三角吊件、保险等；

3）基本模块：金属平板模块、金属造型模块、型材装饰模块、收边模块、线角模块、封边型材模块等；

4）功能模块：照明模块、换气模块、采暖（通风）模块等。

(3) 集成模块吊顶基材的表面处理

集成模块基材通常采用铝镁锰合金，表面则多采用覆膜、纳米、滚涂、磨砂等处理方式。

2. GRG 吊顶

(1) GRG 吊顶定义

预铸式玻璃纤维增强石膏板简称 GRG，是以建筑石膏为主要原料、掺入改良纤维增强材料等浇筑成型的装饰板材。可根据设计要求加工成曲线、曲面、双曲面、异型曲折面、浮雕、穿孔等多种效果。GRG 加工制作的板材，安装并修缝后，表面完整，无接缝痕迹，这是其他材料难以实现的。

(2) GRG 材料性能特点

GRG 材料作为一种新型建筑装饰材料，它具有不易变形、重量轻、强度高、环保、可塑性强、施工方便灵活等特点。

1）不易变形。由于它的主材石膏对玻璃纤维无任何腐蚀作用，加之其干湿收缩相对小，因此能确保产品性能稳定、经久耐用、不龟裂、不变形，使用寿命长相对长。

2）重量轻。GRG 产品单位质量以 3.2 ～ 8.8mm 厚平板为例，每平方米重量为 4.9 ～ 9.8kg/m²。

3）强度高。GRG 产品断裂荷载远大于《装饰石膏板》JC/T 799—2016 中"平板类含穿孔板 132 ～ 147N，浮雕板 150 ～ 168N"规定。

4）环保性能好。GRG 材料无任何气味，放射性核素限量符合《建筑材料放射性核素限量》GB 6566 中规定的 A 类装饰材料的标准。并且可以进行再生利用，属绿色环保材料。

5）材料燃烧性能等级高。GRG 材料燃烧性能等级为 A 级，当火灾发生时，它除了能阻燃外，本身还可以释放相当于自身重量 15% ～ 20% 的水分，可大幅度降低着火面温度，降低火灾损失。

6）可调节湿度。GRG 板是一种存在大量微孔结构的板材，在自然环境中，多孔体可以吸收或释放出水分。当室内温度高、湿度小时，板材逐渐释放出微孔板中的水分；当室内温度低、湿度大时，它就会吸收空气中的水分。这种释放和吸收就形成了所谓的"呼吸"作用。这种吸湿的循环变化起到了调节室内相对湿度的作用，给工作和居住环境创造了一个舒适的小气候。

7）声学效果好。经过良好的造型设计，可构成良好的吸声结构，达到隔声、吸声的作用。

8）可塑性强。根据设计师要求转化为生产图，先做模具，流体预铸式生产方式，因此可以做成任意造型。

9）施工方便灵活。GRG产品根据工厂预制完成，不需要现场二次加工，损耗率极低。可根据设计师的设计，任意造型，可大块生产、分割。现场加工性能好，安装迅速、灵活，可进行大面积无缝密拼，形成完整造型。特别是对洞口、弧形、转角处等细微之处，可确保无任何误差。

10）材质表面光滑、细腻，并且可以和各种涂料及面饰材料良好地粘结，形成较佳的装饰效果。

（3）常见GRG模具种类

1）玻璃钢膜：成本较高、光洁度好、使用寿命长、可塑性高，生产周期长。

2）硅胶膜：其模具柔韧性好，可用作模型GRG及不便于脱模的GRG产品制作。

3）木膜：模具制作周期短，常用于平板、单曲面的模具选择，种类较多。

4）泡沫膜：用高密度泡沫板进行分片雕刻、拼装、满批面层、喷漆处理。

5）石膏膜：此种类模具多用于产品数量较少、供货周期短及样品制作的GRG板材生产当中。

（4）GRG施工安装流程

GRG施工安装流程：校对编码→拼接→校准→锁付→填缝→找平→面饰处理。

3.特殊功能吊顶

（1）辐射吊顶系统

辐射吊顶系统由面板、防火吸声布、铜管等组成。该吊顶系统通过对铜管供冷、供热，使得吊顶面板表面处于一定的温度，为室内空间提供良好的体感环境。

（2）洁净室吊顶系统

洁净室吊顶系统是针对有特殊功能需求的房间，如洁净厂房、医疗环境（急诊室、诊疗室）、实验室、食品加工环境等的吊顶系统。其构造做法与矿棉吸声板相同，采用矿棉吸声板类中等负荷型龙骨体系，配合专用密封条及专用固定夹使用，以确保空间的密封效果。板面采用吸声防菌类板材。

第三节　工程做法

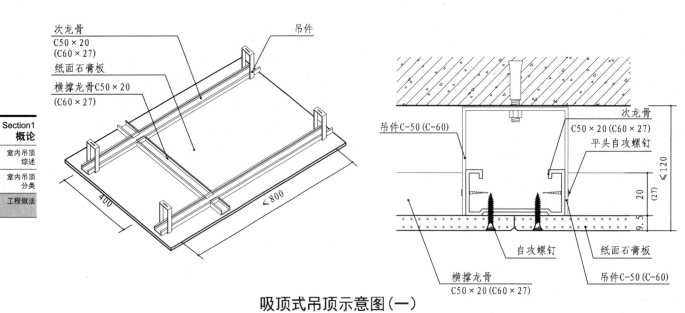

吸顶式吊顶示意图（一）

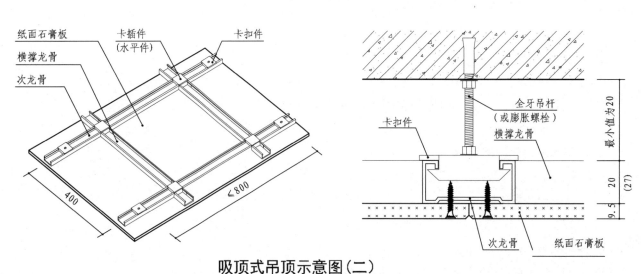

吸顶式吊顶示意图（二）

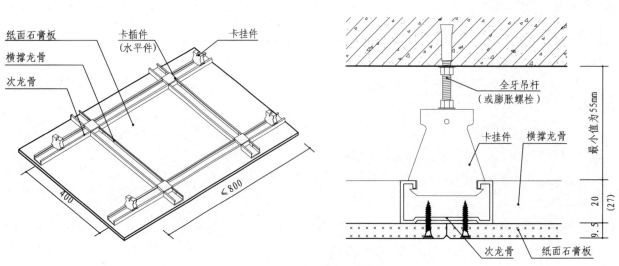

吸顶式吊顶示意图（三）

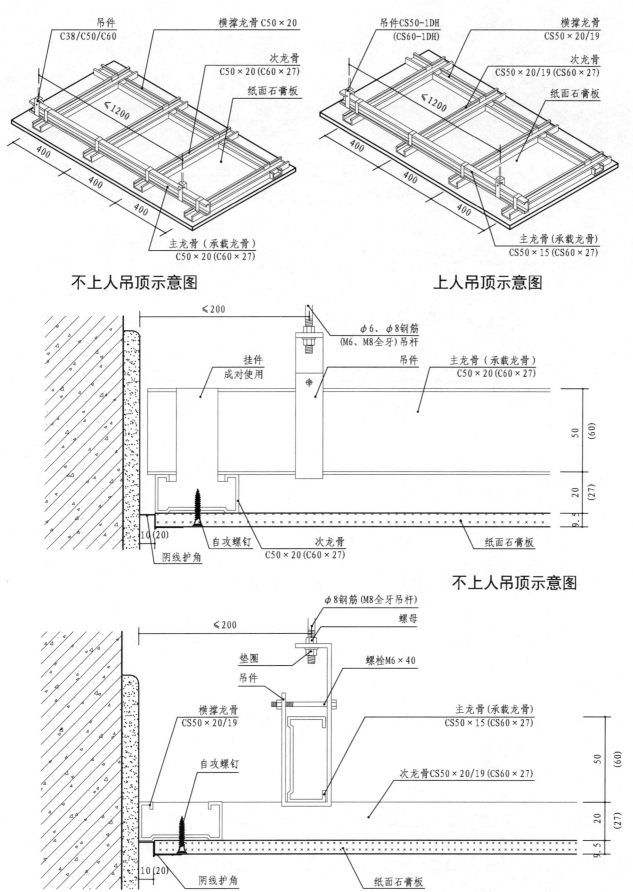

不上人吊顶示意图

上人吊顶示意图

不上人吊顶示意图

上人吊顶示意图

Section1
概论

室内吊顶
综述

室内吊顶
分类

工程做法

≤200

M6或M8全牙吊杆

直卡式承载龙骨

横撑龙骨

次龙骨

19
(20)
9.5
(12)

自攻螺钉
阴线护角

纸面石膏板

10(20)

卡式龙骨吊顶大样图

≤200

M6或M8全牙吊杆

直卡式承载龙骨

横撑龙骨
次龙骨

19
(20)
9.5
(12)

自攻螺钉
阴线护角

纸面石膏板

10(20)

卡式龙骨吊顶大样图

V型直卡式承载龙骨

次龙骨C50×19(C50×20)

19
(20)
9.5
(12)

自攻螺钉

15 15

纸面石膏板

卡式龙骨吊顶大样图

M6或M8全牙吊杆

直卡式
承载龙骨

横撑龙骨C50×19
(C50×20)

次龙骨C50×19
(C50×20)

19
(20)
9.5
(12)

自攻螺钉

15 15

纸面石膏板

卡式龙骨吊顶大样图

M6或M8全牙吊杆

通长离心玻璃棉填缝

直卡式承载龙骨

自攻螺钉

12

次龙骨C50×19(C50×20)

伸缩缝配件

纸面石膏板

单层石膏板吊顶伸缩缝详图

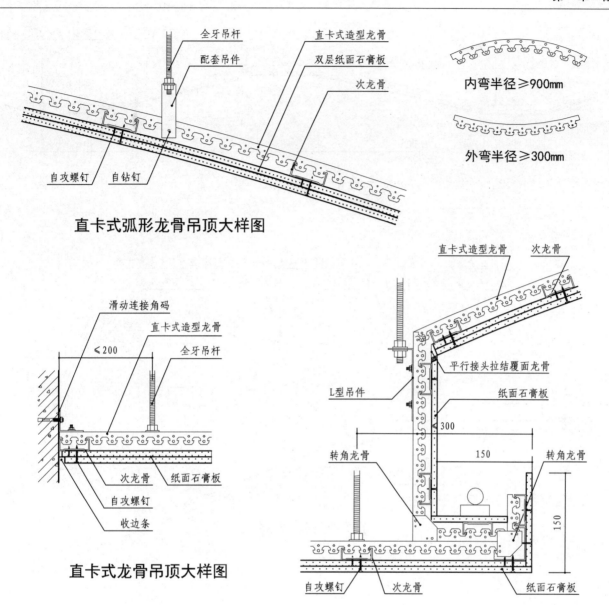

直卡式弧形龙骨吊顶大样图

内弯半径≥900mm

外弯半径≥300mm

直卡式龙骨吊顶大样图

波浪直卡式造型龙骨剖面示意图

注:1.V型直卡式龙骨用于弧度造型吊顶时需每隔300mm龙骨剪口,并在剪口位置做加固。

　　2.直卡式造型龙骨可以工厂制作拱形、波浪形等任意弧度的造型。直卡式造型龙骨的间距不大于600mm,龙骨吊点间距弧长不大于800mm。

　　3.图中所示轻钢龙骨及配件型号与厂家产品型号不同时,应以厂家产品型号为准。

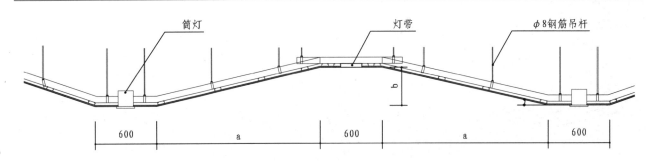

Section1
概论

室内吊顶
综述

室内吊顶
分类

工程做法

波型吊顶剖面图

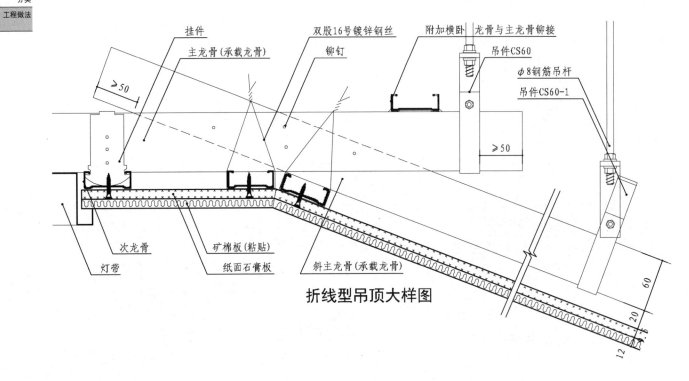

折线型吊顶大样图

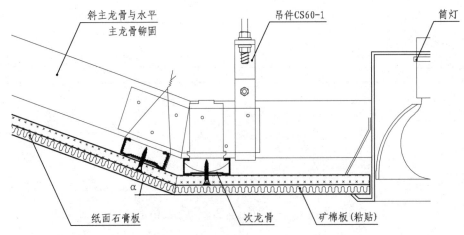

折线型吊顶大样图

注：1. 本图仅为折线型吊顶做法示例，吊顶中a、b、α的具体尺寸由设计根据吊顶造型确定。设计可按工程设计要求另绘吊顶平面。
　　2. 斜主龙骨与水平主龙骨铆固，阴角部位以固定钢板固定。

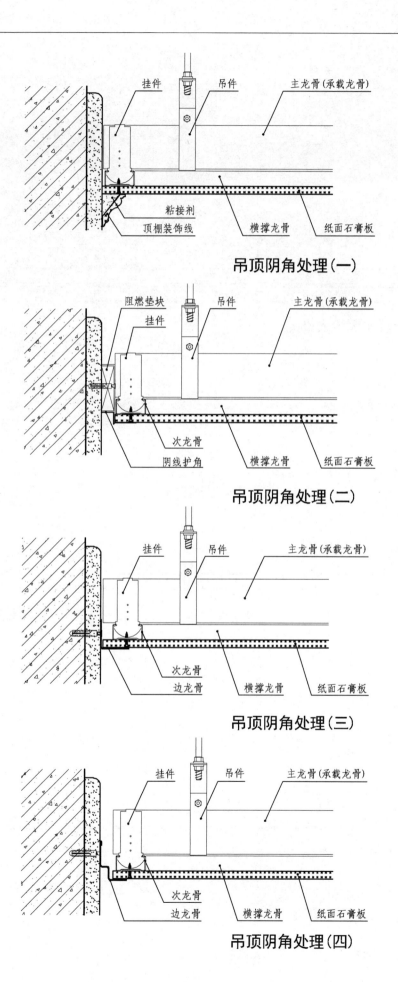

吊顶阴角处理(一)

吊顶阴角处理(二)

吊顶阴角处理(三)

吊顶阴角处理(四)

室内吊顶

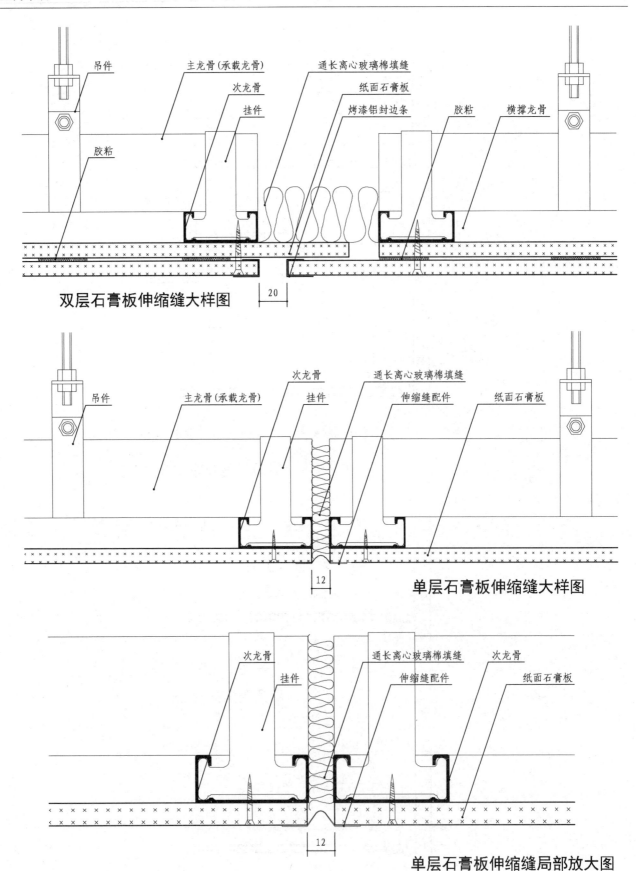

吊件　主龙骨(承载龙骨)　通长离心玻璃棉填缝　纸面石膏板　烤漆铝封边条　胶粘　横撑龙骨
次龙骨　挂件　胶粘

双层石膏板伸缩缝大样图　20

吊件　主龙骨(承载龙骨)　次龙骨　挂件　通长离心玻璃棉填缝　伸缩缝配件　纸面石膏板

12　**单层石膏板伸缩缝大样图**

次龙骨　挂件　通长离心玻璃棉填缝　伸缩缝配件　次龙骨　纸面石膏板

12　**单层石膏板伸缩缝局部放大图**

注：1.伸缩缝配件材料可由铝合金、不锈钢、塑料等制作。
　　2.伸缩缝配件长度见单项设计。
　　3.当轻钢龙骨石膏板吊顶≥100m²，宜设伸缩缝。

Section1
概论
室内吊顶综述
室内吊顶分类
工程做法

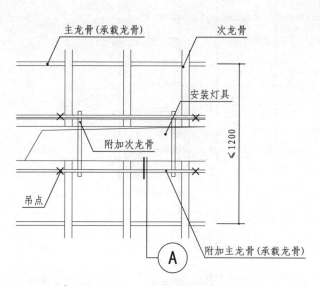

主龙骨(承载龙骨)　次龙骨

安装灯具

附加次龙骨

吊点

附加主龙骨(承载龙骨)

≤1200

A

条形灯具固定(在附加龙骨上)

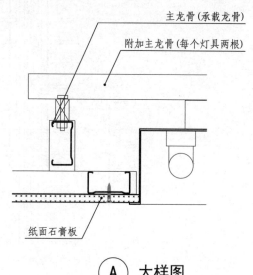

主龙骨(承载龙骨)

附加主龙骨(每个灯具两根)

纸面石膏板

(A) 大样图

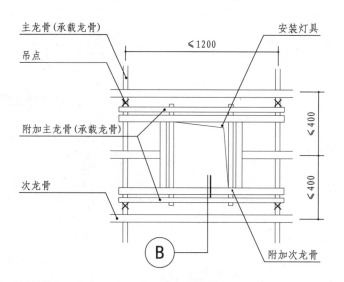

主龙骨(承载龙骨)　安装灯具

吊点

≤1200

附加主龙骨(承载龙骨)

≤400

≤400

次龙骨

附加次龙骨

B

方形灯具固定(在附加龙骨上)

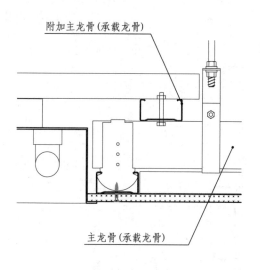

附加主龙骨(承载龙骨)

主龙骨(承载龙骨)

(B) 大样图

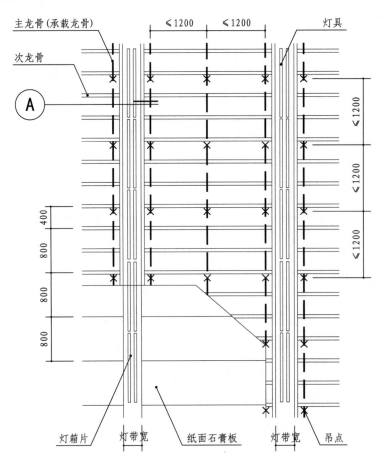

主龙骨(承载龙骨)

次龙骨

灯具

A

≤1200   ≤1200

≤1200

≤1200

≤1200

400

800

800

800

灯箱片   灯带宽   纸面石膏板   灯带宽   吊点

吊顶灯带图

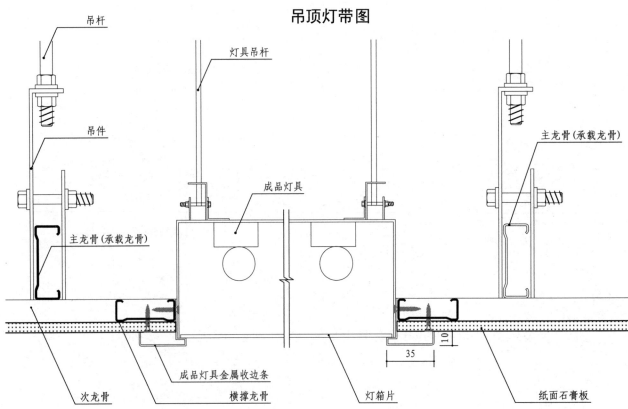

吊杆

灯具吊杆

吊件

成品灯具

主龙骨(承载龙骨)

主龙骨(承载龙骨)

次龙骨   成品灯具金属收边条   横撑龙骨   灯箱片   纸面石膏板

35   10

A **大样图**

注:1. 纸面石膏板(硅酸钙板、纤维增强硅酸盐平板)厚度及表面处理根据设计要求确定。
　　2. 轻钢龙骨构造按通常吊顶做法,灯具宽度按工程设计由设计人确定。

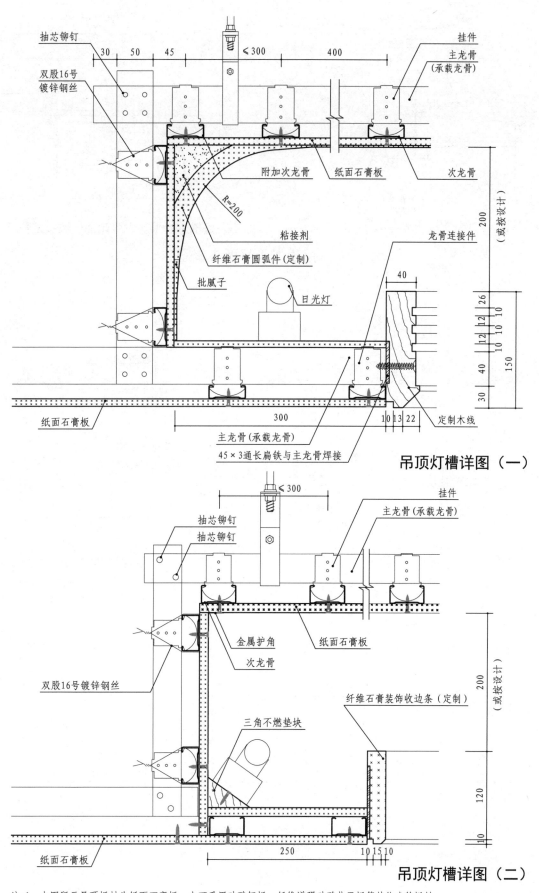

吊顶灯槽详图（一）

吊顶灯槽详图（二）

注: 1. 本图所示吊顶板材为纸面石膏板, 也可采用硅酸钙板、纤维增强硅酸盐平板等其他建筑板材。

　　2. 三角不燃垫块应经防火、防腐处理。灯槽收边木线可依据设计造型定制。

Section1
概论

室内吊顶
综述

室内吊顶
分类

工程做法

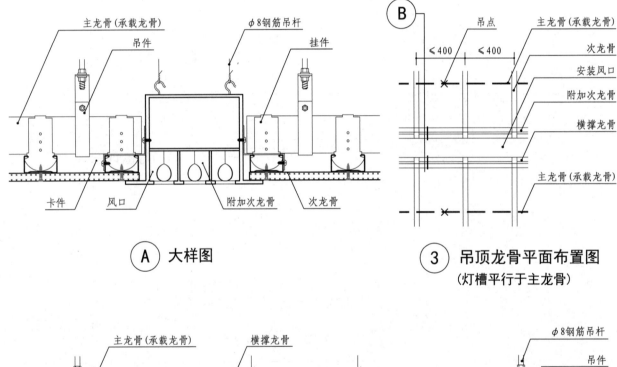

（灯槽平行于次龙骨附加两边次龙骨）

（灯槽平行于次龙骨附加一边次龙骨）

① 吊顶龙骨平面布置图

Ⓐ 大样图

③ 吊顶龙骨平面布置图
（灯槽平行于主龙骨）

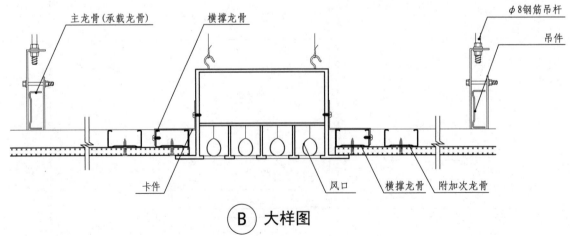

Ⓑ 大样图

注：1.安装圆形风口在纸面石膏板上开圆洞即可，龙骨做法与方形风口相同。
　　2.风口安装应自行吊挂在主体结构上，与吊顶系统分开。

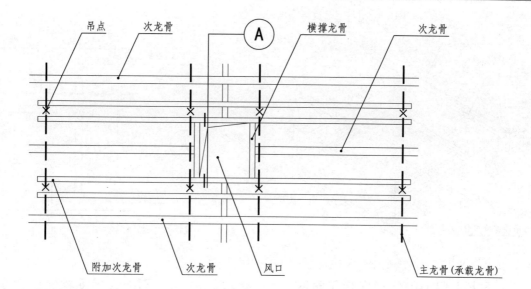

① 风口龙骨平面布置图

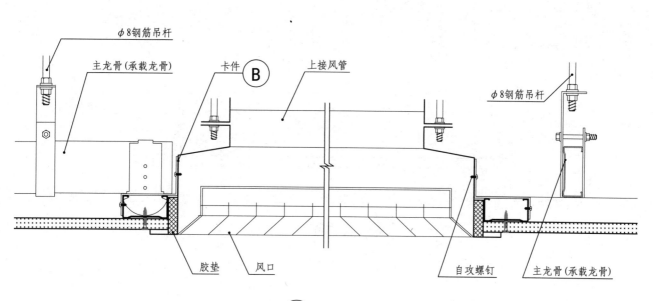

Ⓐ 大样图

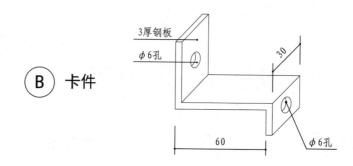

Ⓑ 卡件

注:1.安装圆形风口在纸面石膏板上开圆洞即可,龙骨做法与方形风口相同。
　　2.风口安装应自行吊挂在主体结构上,与吊顶系统分开。

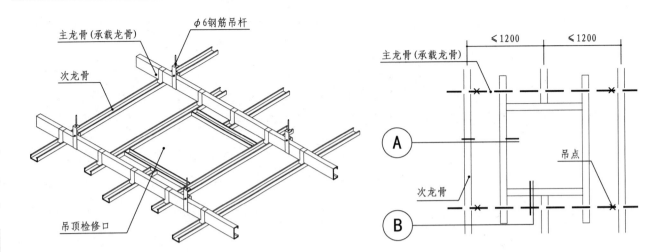

Section1
概论

室内吊顶
综述

室内吊顶
分类

工程做法

主龙骨(承载龙骨)

φ6钢筋吊杆

次龙骨

吊顶检修口

≤1200 ≤1200

主龙骨(承载龙骨)

吊点

次龙骨

Ⓐ

Ⓑ

不上人吊顶检修口龙骨示意图

不上人吊顶检修口龙骨平面

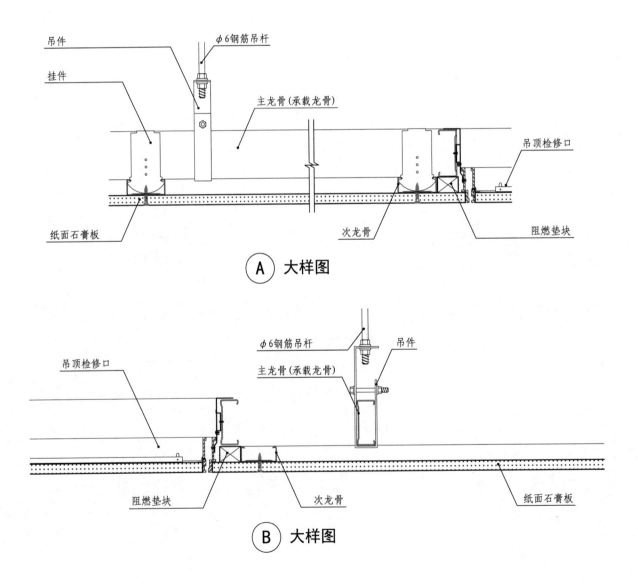

吊件

挂件

φ6钢筋吊杆

主龙骨(承载龙骨)

吊顶检修口

纸面石膏板

次龙骨

阻燃垫块

Ⓐ 大样图

吊顶检修口

φ6钢筋吊杆

吊件

主龙骨(承载龙骨)

阻燃垫块

次龙骨

纸面石膏板

Ⓑ 大样图

注:本图所示吊顶板材为纸面石膏板,也可采用硅酸钙板、纤维增强硅酸盐平板等其他建筑板材。

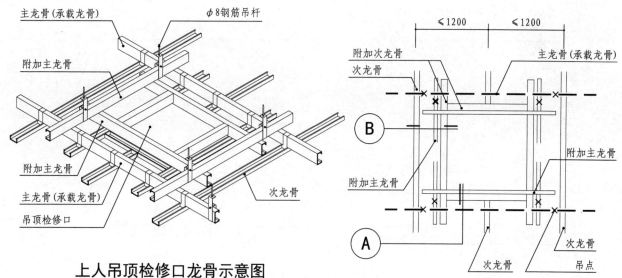

上人吊顶检修口龙骨示意图

上人吊顶检修口龙骨平面

Section1
概论

室内吊顶
综述

室内吊顶
分类

工程做法

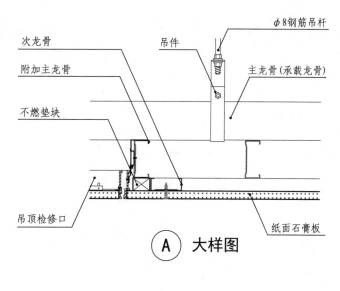

Ⓐ 大样图

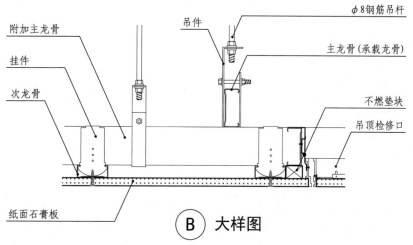

Ⓑ 大样图

注:本图所示吊顶板材为纸面石膏板,也可采用硅酸钙板、纤维增强硅酸盐平板等其他建筑板材。

Section1
概论

室内吊顶
综述

室内吊顶
分类

工程做法

全牙吊杆
配套膨胀螺栓
M8全牙吊杆

45°

1/2吊杆长

螺母

两倍主龙骨间距

横撑龙骨

M8膨胀螺栓

CS60主龙骨斜撑

CS60主龙骨横撑通长设置

M8螺栓连接或焊接

CS60吊件

45°

次龙骨

横撑龙骨

双层石膏板

主龙骨(承载龙骨)CS60

A

反向支撑主龙骨拉结法

两倍主龙骨间距

M8全牙吊杆

M8全牙吊杆

φ8钢筋横向通长设置
与吊杆及斜拉钢筋焊接

φ8斜拉钢筋

45° 45°

交叉焊接

主龙骨
(承载龙骨)

次龙骨

纸面石膏板

M8全牙吊杆

450~600

φ8斜拉钢筋
与吊杆及横向钢筋焊接

次龙骨

次龙骨

45° 45°

交叉焊接

主龙骨(承载龙骨)

反向支撑吊杆通长拉结法

M8全牙吊杆

螺母

垫圈

主龙骨横撑CS60

27

2

60

A **大样图**

自钻钉固定
或焊接固定

角码

1500~2000

M8全牙吊杆

主龙骨斜撑
或角钢斜撑

45°

挂件

主龙骨
(承载龙骨)

抽芯铆钉或自钻钉

纸面石膏板

反向支撑倒三角法

注: 1. 主龙骨拉结法: 吊杆长度超过1.5m且小于2.5m时适用。在CS60主龙骨横撑底边每隔两个主龙骨间距打孔,M8全牙吊杆穿过,位置确
定后上下螺母固定。CS60主龙骨斜撑每隔两倍主龙骨间距相向设置;当吊杆长度超过1.5m且小于2m时,适合采用CS50主龙骨。
2. 吊杆通长拉结法: 吊杆长度超过1.5m且小于2.5m时适用。斜拉钢筋每隔两倍主龙骨间距设置。φ8横向钢筋、斜拉钢筋及其与M8全
牙吊杆焊接处必须做防锈处理。φ8钢筋可用M8全牙吊杆替代,但焊接处需做防锈处理。
3. 倒三角法: 吊杆长度超过1.5m且小于2m时适用。安装间距在2m以内,围绕某一中心呈梅花形分布,且不应设置在同一直线上。
4. 当吊顶内部空间大于2.5m时应设置型钢结构转换层。

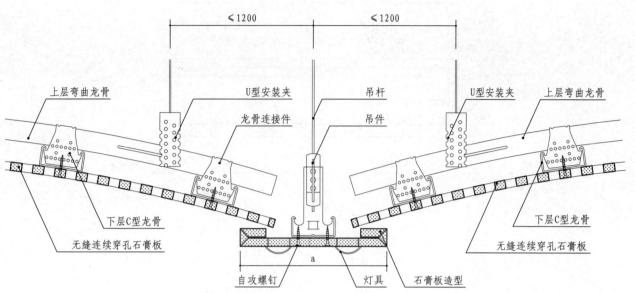

穿孔石膏板弧形吊顶大样图

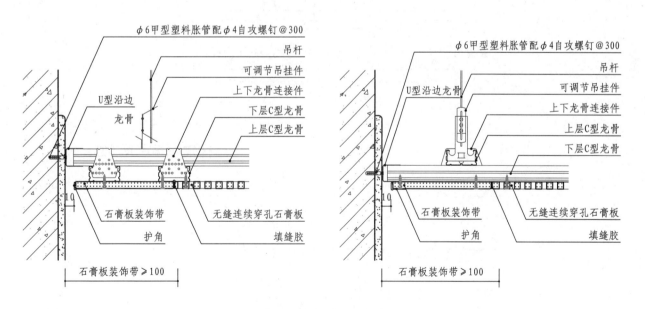

吸声吊顶安装大样图

注:1.本页吸声板吊顶做法仅用于无缝连续穿孔石膏板吊顶。
　　2.无缝连续穿孔石膏板板缝应采用配套石膏板接缝材料。

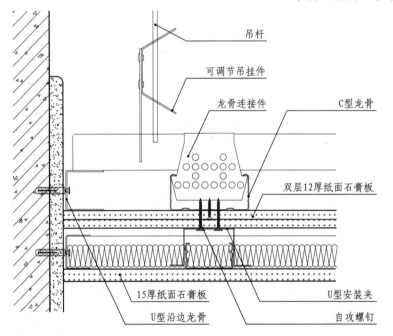

U型沿边龙骨　U型安装夹　C型龙骨　双层12厚纸面石膏板

30

U型沿边龙骨　　　15厚纸面石膏板　　　C型龙骨

吊件式隔声吊顶（一）

吊杆

可调节吊挂件

龙骨连接件　　C型龙骨

双层12厚纸面石膏板

15厚纸面石膏板　　　U型安装夹

U型沿边龙骨　　　自攻螺钉

吊杆式隔声吊顶（二）

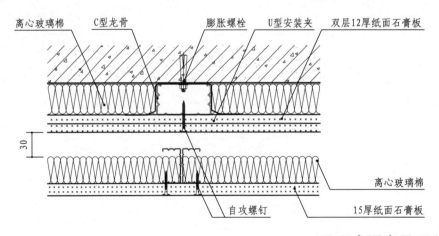

离心玻璃棉　C型龙骨　膨胀螺栓　U型安装夹　双层12厚纸面石膏板

30

离心玻璃棉

15厚纸面石膏板

自攻螺钉

吸顶式隔声吊顶（三）

注：①、③安装方式由于下层龙骨无吊杆连接，因此适用于跨度小于5.5m的房间吊顶。

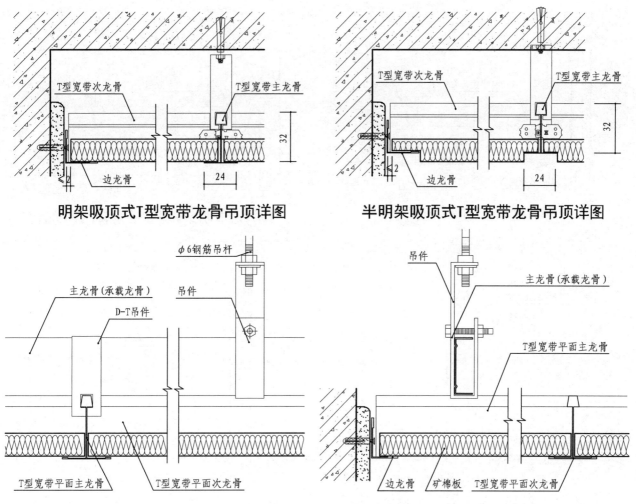

明架吸顶式T型宽带龙骨吊顶详图　　　　半明架吸顶式T型宽带龙骨吊顶详图

明架T型宽带平面龙骨吊顶详图

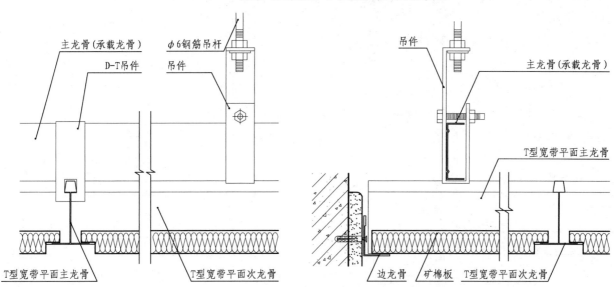

半明架T型宽带平面龙骨吊顶详图

注：1.T型宽带龙骨底边较宽为24mm,与矿棉板搭接较多,是比较普遍的一种T型龙骨,接缝紧密垂直。

　　2.根据选用的矿棉板型号,可选用平板系列的矿棉板与T型龙骨组合,组成明架T型宽带龙骨矿棉板吊顶。

　　　如果选用跌级矿棉板系列与T型宽带龙骨组合,则称为半明架T型宽带龙骨跌级矿棉板吊顶。

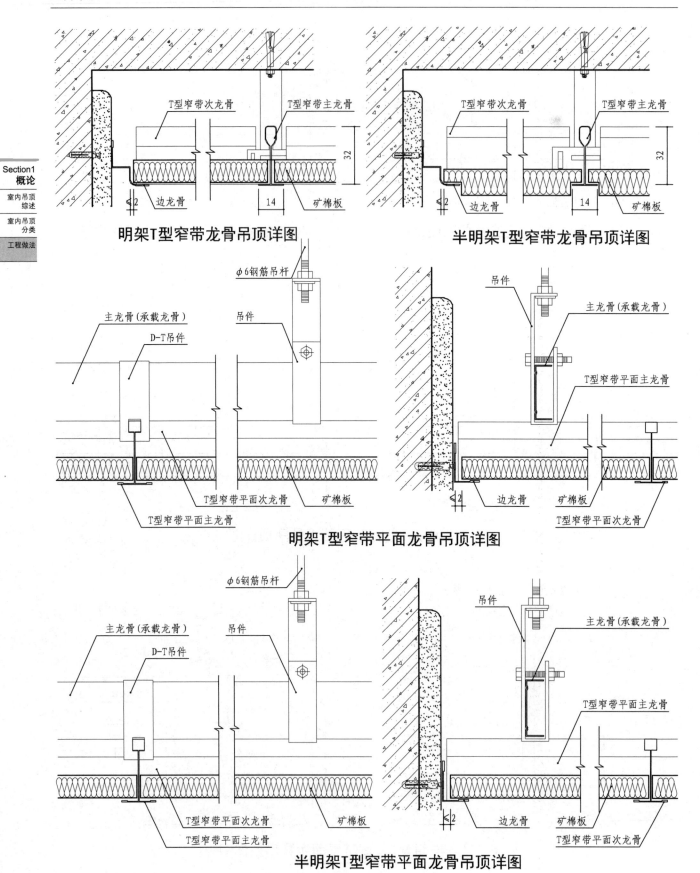

明架T型窄带龙骨吊顶详图

半明架T型窄带龙骨吊顶详图

明架T型窄带平面龙骨吊顶详图

半明架T型窄带平面龙骨吊顶详图

注：1. T型窄带龙骨底边较窄，只有14mm，因此吊顶分割显得精密细致。由于承载面较窄与矿棉板搭接少，
故要求龙骨构件要稳定，以避免矿棉板脱落。
2. 明架T型窄带龙骨吊装方式分为平板矿棉板吊顶、半明架跌级矿棉板吊顶。

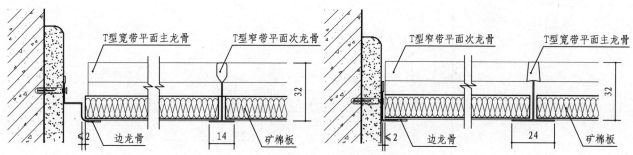

明架T型窄带龙骨吊顶详图

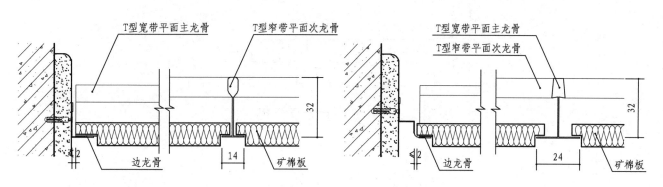

半明架T型窄带龙骨吊顶详图

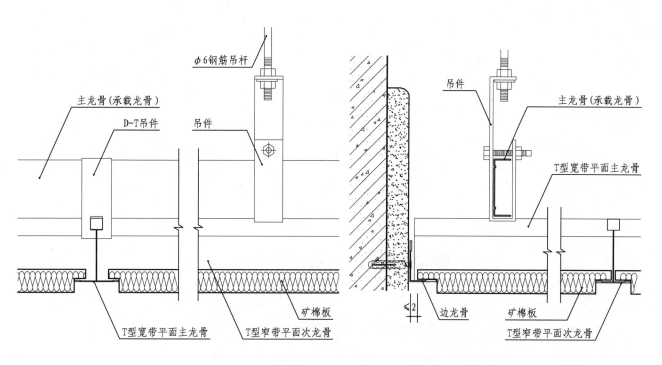

明架T型宽窄带平面龙骨混搭跌级板吊顶详图

53

Section1
概论

室内吊顶
综述

室内吊顶
分类

工程做法

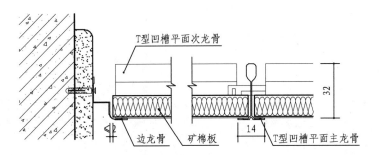

明架T型凹槽平面龙骨吊顶详图

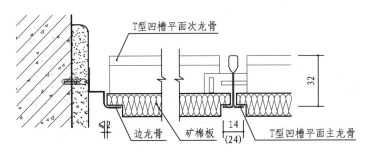

半明架T型凹槽平面龙骨吊顶详图

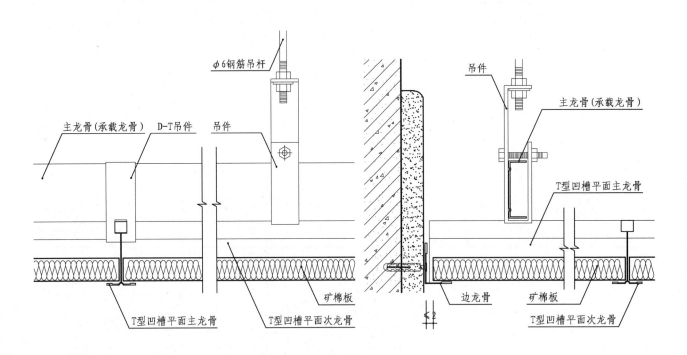

明架T型凹槽平面龙骨吊顶详图

注：1.T型窄带凹槽平面龙骨底边较窄，只有14mm，因此吊顶分割显得精密细致。由于承载面较窄与矿棉板搭接少，
故要求龙骨构件要稳定，以避免矿棉板脱落。

2.明架T型窄带龙骨吊装方式分为：平板矿棉板吊顶、半明架跌级矿棉板吊顶。

3.本页T型龙骨形式同样适用于T型凹槽组合龙骨吊顶。

Section1
概论

室内吊顶
综述

室内吊顶
分类

工程做法

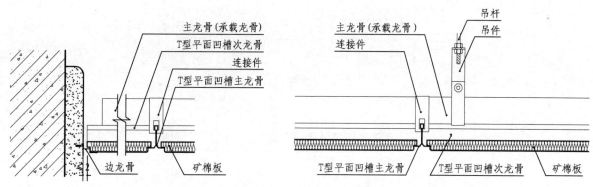

明架T型平面凹槽龙骨吊顶详图

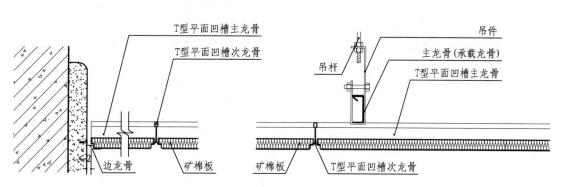

明架T型平面凹槽龙骨吊顶详图

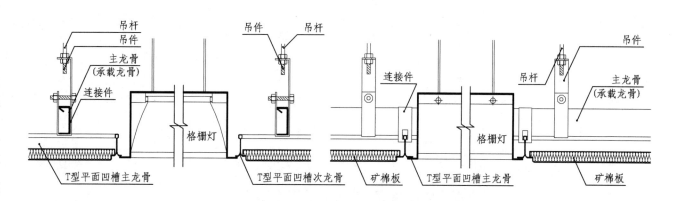

明架T型平面凹槽龙骨吊顶格栅灯安装详图

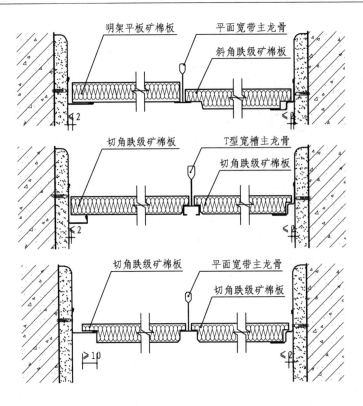

明架T型平面宽带与宽槽龙骨混搭吊顶详图

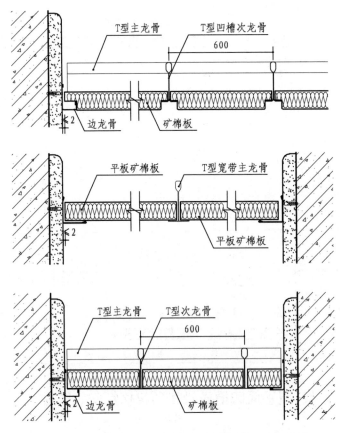

明架T型平面宽带与凹槽龙骨混搭吊顶详图

注: 本页所示为不同形式的边龙骨, 供设计选用。

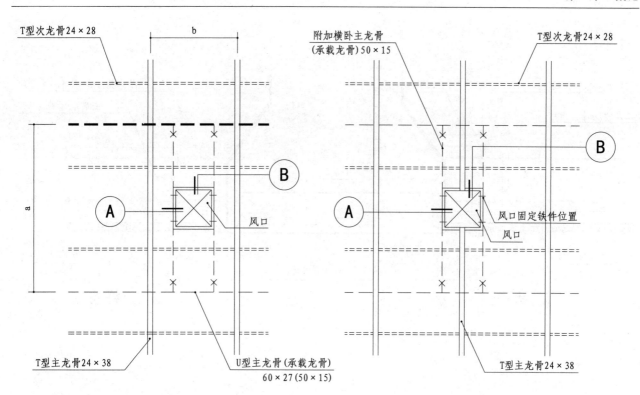

风口位于T型主龙骨间①　　　　风口切断T型主龙骨②

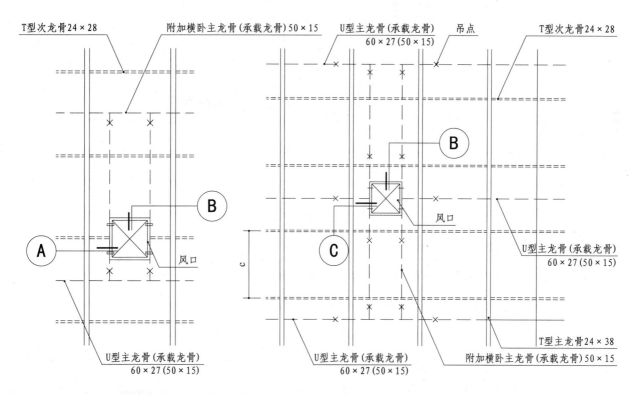

风口切断T型次龙骨③　　　　风口切断主龙骨④

注：1.a为吊顶主龙骨间距，b为吊顶T型主龙骨间距，c为吊顶T型次龙骨间距。
　　2.风道安装应直接吊挂在结构顶板或梁上，不得与吊顶系统相连。
　　3.本页为吊顶风口安装方式，当风口安装需切断T型主龙骨时参考②；需切断T型次龙骨时参考③；
　　　需切断主龙骨（承载龙骨）时参考④。

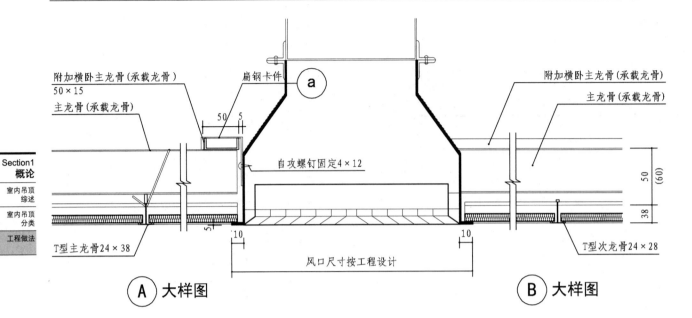

附加横卧主龙骨(承载龙骨)
50×15

主龙骨(承载龙骨)

扁钢卡件

a

50   5

自攻螺钉固定4×12

风口尺寸按工程设计

10

T型主龙骨24×38

A 大样图

附加横卧主龙骨(承载龙骨)

主龙骨(承载龙骨)

50
(60)

38

10

T型次龙骨24×28

B 大样图

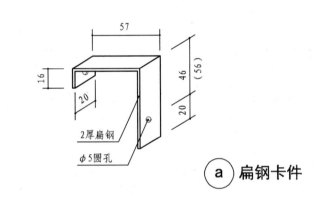

57

16

20

46
(56)

20

2厚扁钢

φ5圆孔

a 扁钢卡件

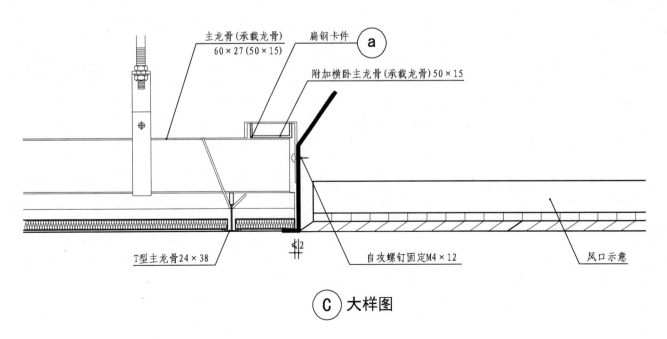

主龙骨(承载龙骨)
60×27(50×15)

扁钢卡件

a

附加横卧主龙骨(承载龙骨)50×15

T型主龙骨24×38

2

自攻螺钉固定M4×12

风口示意

C 大样图

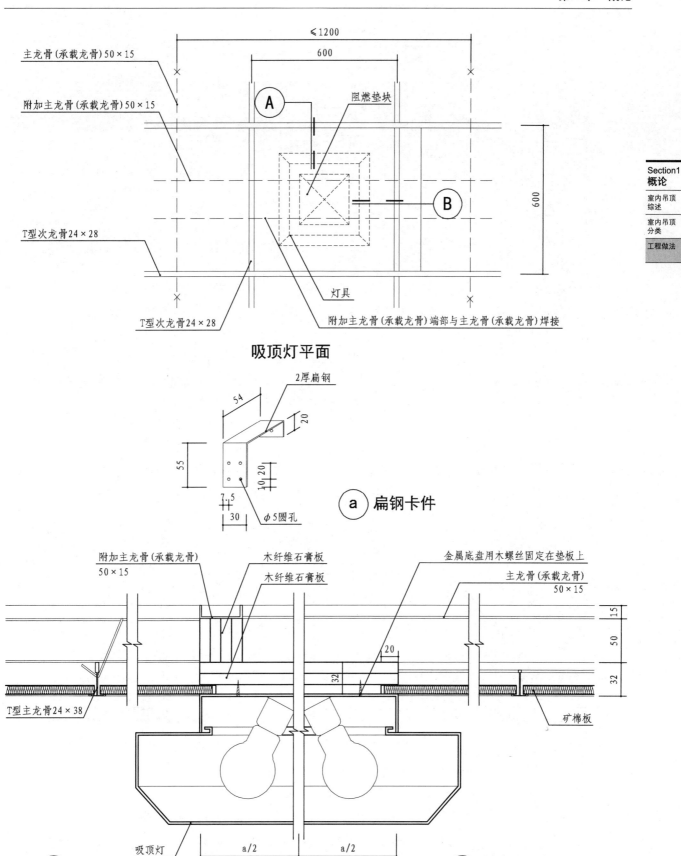

主龙骨(承载龙骨)50×15

附加主龙骨(承载龙骨)50×15

阻燃垫块

T型次龙骨24×28

灯具

T型次龙骨24×28

附加主龙骨(承载龙骨)端部与主龙骨(承载龙骨)焊接

吸顶灯平面

2厚扁钢

ϕ5圆孔

ⓐ **扁钢卡件**

附加主龙骨(承载龙骨)
50×15

木纤维石膏板

木纤维石膏板

金属底盘用木螺丝固定在垫板上

主龙骨(承载龙骨)
50×15

T型主龙骨24×38

矿棉板

吸顶灯

a/2

a/2

Ⓐ **大样图**

Ⓑ **大样图**

注：1.灯具由设计人选定。
　　2.重量超过3kg的灯具应直接吊挂在结构顶板或梁上，不得与吊顶系统相连。

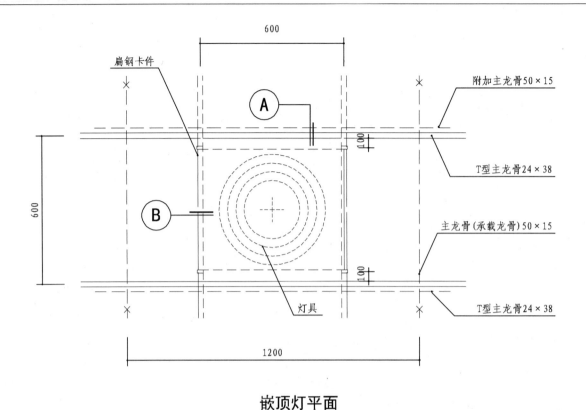

扁钢卡件

A

B

灯具

附加主龙骨50×15

T型主龙骨24×38

主龙骨(承载龙骨)50×15

T型主龙骨24×38

600

600

1200

嵌顶灯平面

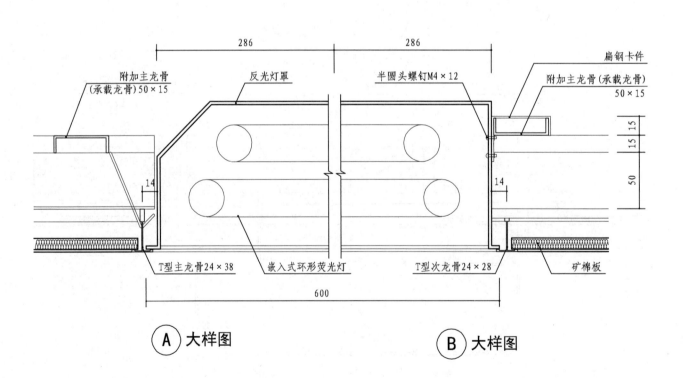

附加主龙骨
(承载龙骨)50×15

反光灯罩

半圆头螺钉M4×12

附加主龙骨(承载龙骨)
50×15

扁钢卡件

T型主龙骨24×38

嵌入式环形荧光灯

T型次龙骨24×28

矿棉板

286

286

600

14

14

15

15

50

Ⓐ **大样图**

Ⓑ **大样图**

注：1.灯具由设计人选定。
　　2.重量超过3kg的灯具应直接吊挂在结构顶板或梁上，不得与吊顶系统相连。

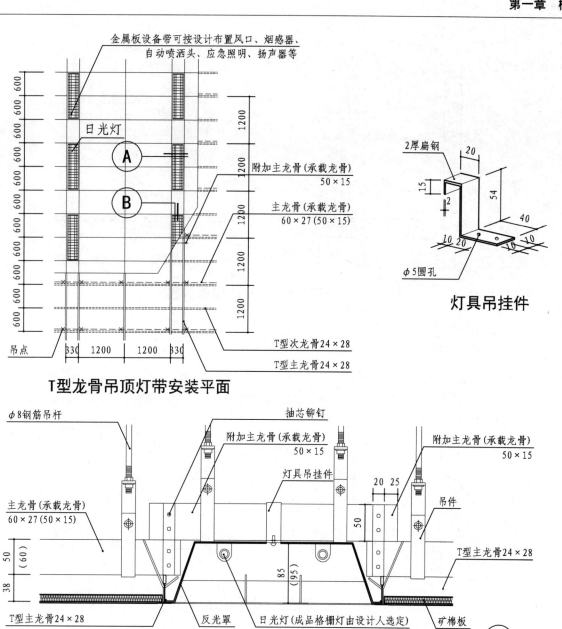

注：本图设备带板材，以金属板为例进行编制。

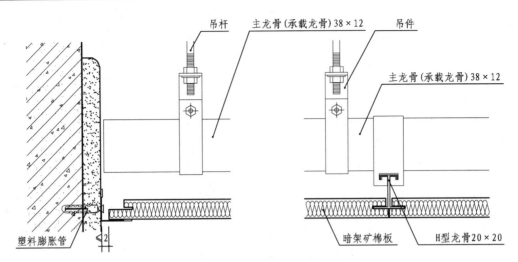

暗架H型龙骨矿棉板详图

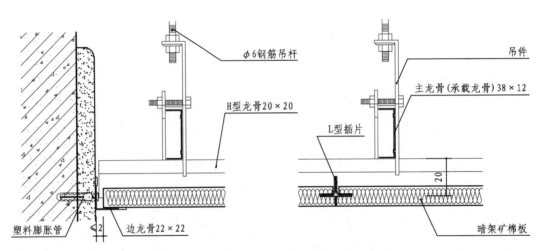

暗架H型龙骨矿棉板详图

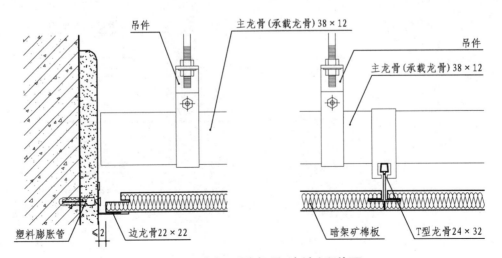

暗架T型龙骨矿棉板详图

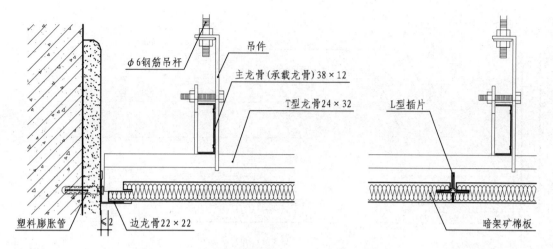

暗架T型龙骨矿棉板详图

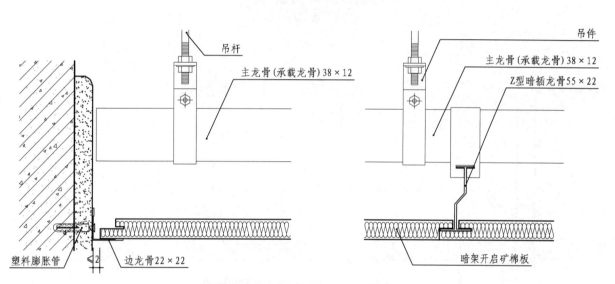

暗架开启Z型龙骨矿棉板详图

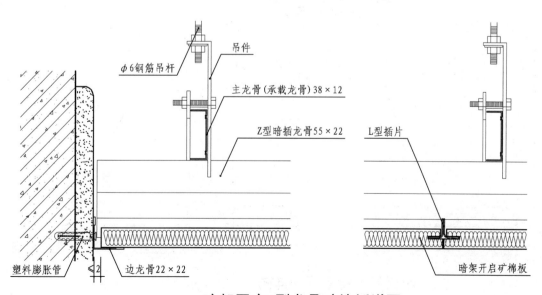

暗架开启Z型龙骨矿棉板详图

Section1
概论

室内吊顶
综述

室内吊顶
分类

工程做法

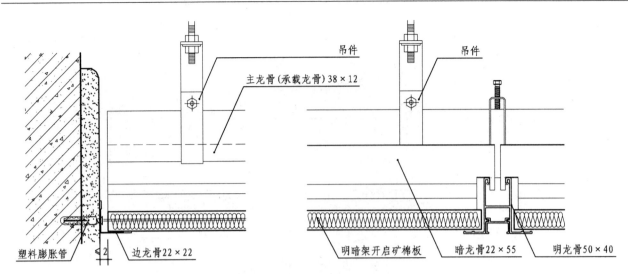

吊件
吊件
主龙骨(承载龙骨)38×12

塑料膨胀管
边龙骨22×22
明暗架开启矿棉板
暗龙骨22×55
明龙骨50×40

明暗架系统矿棉板详图
（无设备带）

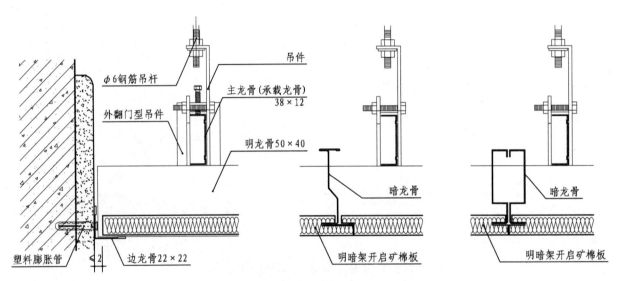

φ6钢筋吊杆
外翻门型吊件
吊件
主龙骨(承载龙骨)
38×12
明龙骨50×40
暗龙骨
暗龙骨

塑料膨胀管
边龙骨22×22
明暗架开启矿棉板
明暗架开启矿棉板

明暗架系统矿棉板详图
（无设备带）

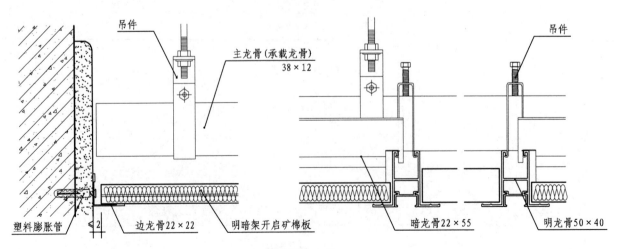

吊件
主龙骨(承载龙骨)
38×12
吊件

塑料膨胀管
边龙骨22×22
明暗架开启矿棉板
暗龙骨22×55
明龙骨50×40

明暗架系统矿棉板详图
（含设备带）

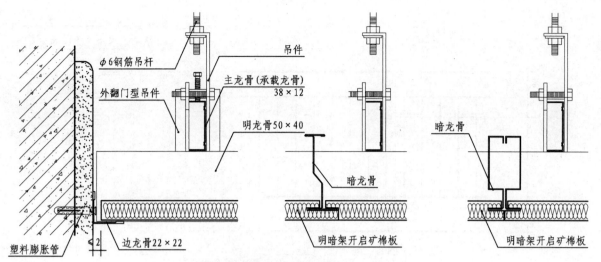

**明暗架系统矿棉板详图
（含设备带）**

注：承载主龙骨端头距墙小于200mm。

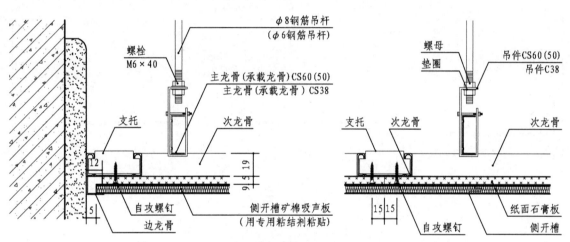

复合粘贴矿棉板详图

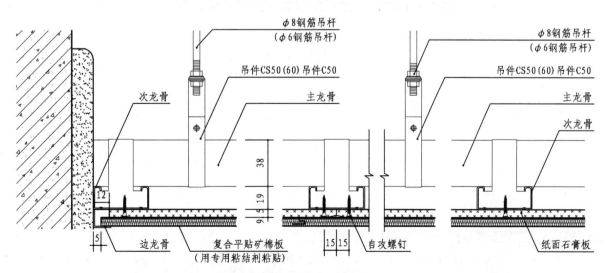

复合粘贴矿棉板详图

注：上人吊顶主龙骨（承载龙骨）型号为CS60(50)，吊件型号为CS50（60），吊杆型号为φ8；不上人吊顶主龙骨（承载龙骨）型号为CS38，
吊件型号为C50，吊杆型号为φ6。

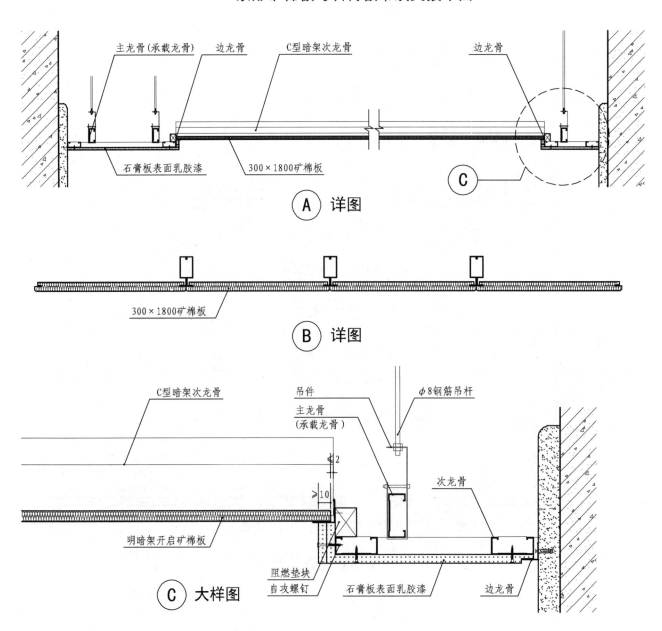

条形矿棉板与石膏板吊顶交接平面

A 详图

B 详图

C 大样图

Section1
概论

室内吊顶
综述

室内吊顶
分类

工程做法

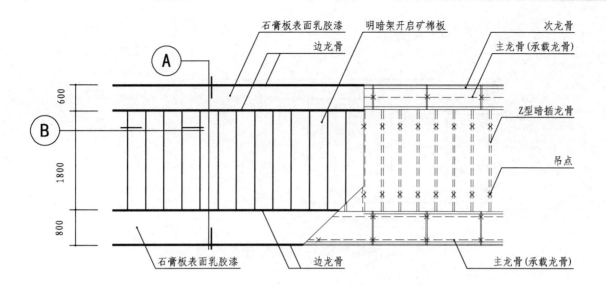

条形矿棉板与石膏板吊顶交接平面

Section1
概论

室内吊顶
综述

室内吊顶
分类

工程做法

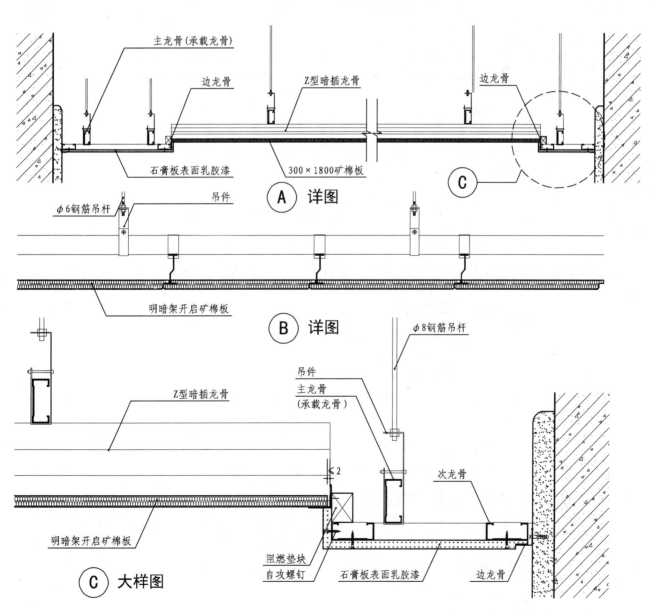

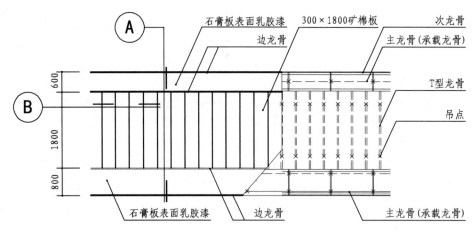

条形矿棉板与石膏板吊顶交接平面

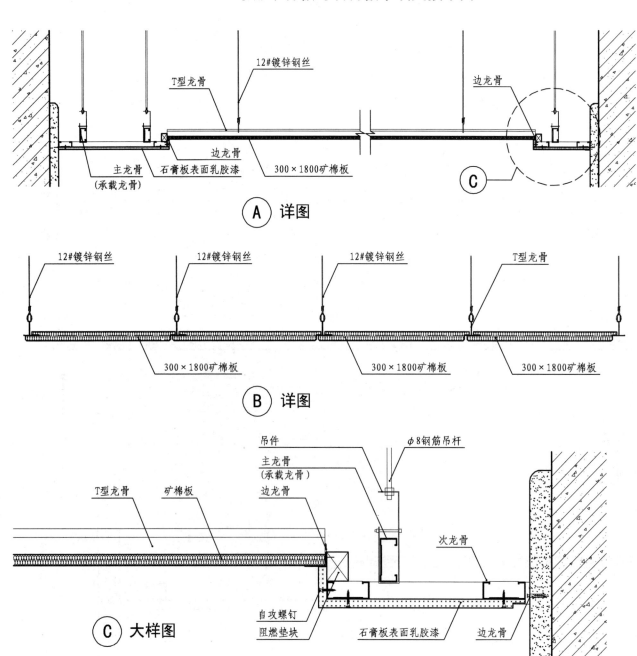

Ⓐ 详图

Ⓑ 详图

Ⓒ 大样图

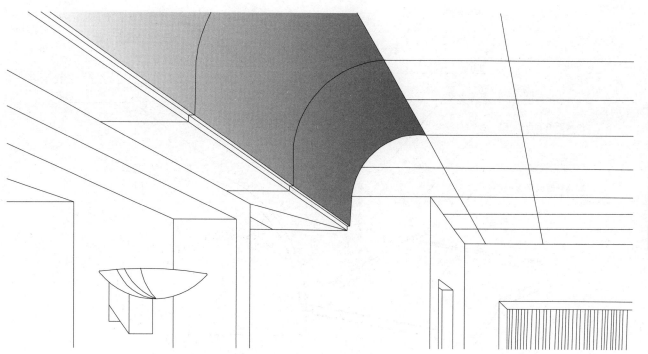

玻璃纤维弧形吸声板吊顶示意图

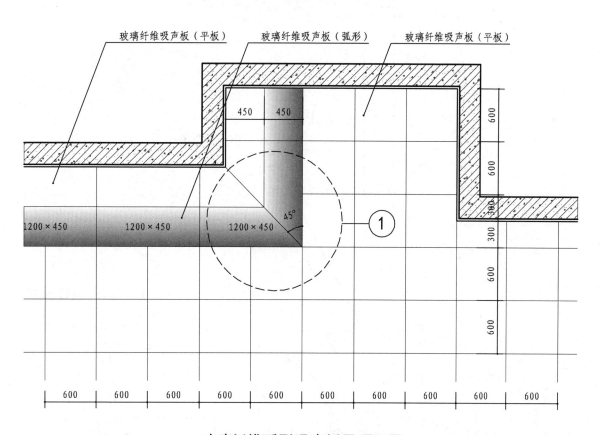

玻璃纤维弧形吸声板吊顶平面

注:本页仅以玻璃纤维弧形吸声板吊顶局部造型为例做示范,平顶部分参照T型龙骨明架矿棉板方式,玻璃纤维弧形吸声板吊杆间距1200mm。

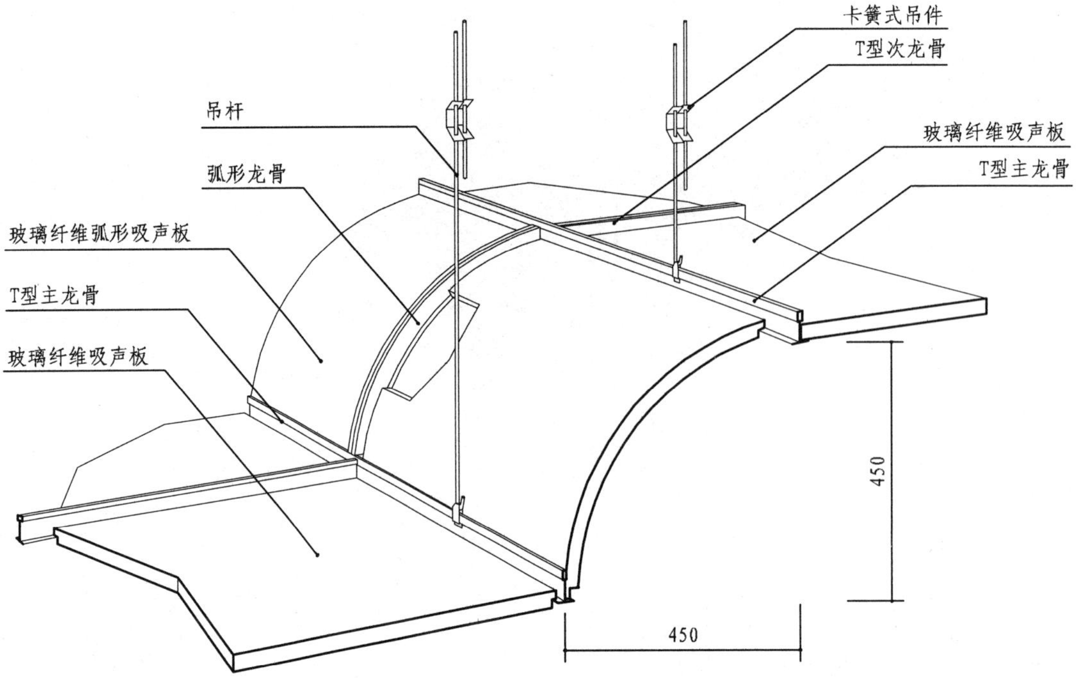

吊杆

弧形龙骨

玻璃纤维弧形吸声板

T型主龙骨

玻璃纤维吸声板

卡簧式吊件

T型次龙骨

玻璃纤维吸声板

T型主龙骨

450

450

（A） **玻璃纤维弧形吸声板吊顶安装示意图**

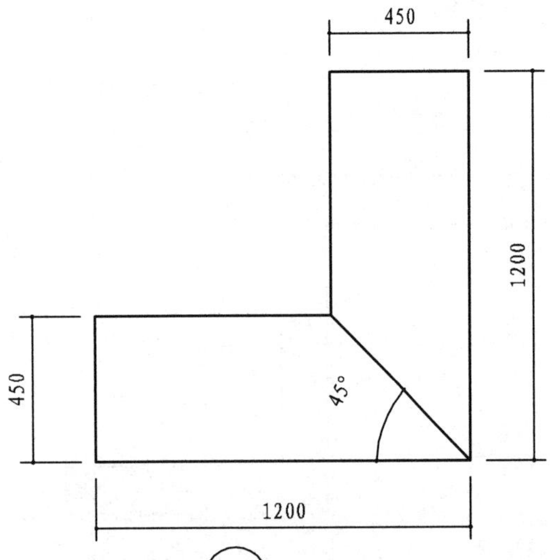

450

1200

450

45°

1200

（1） **大样图**

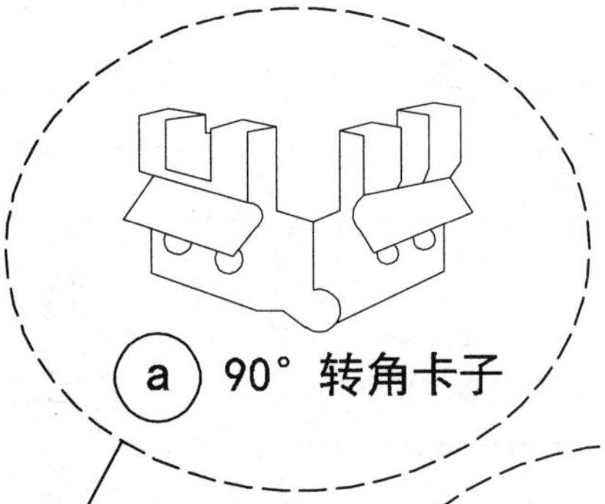

玻璃纤维弧形吸声板

T型主龙骨

T型次龙骨

（a） **90° 转角卡子**

（b） **弧形板连接件**

12

25

（c） **阳角收边件**

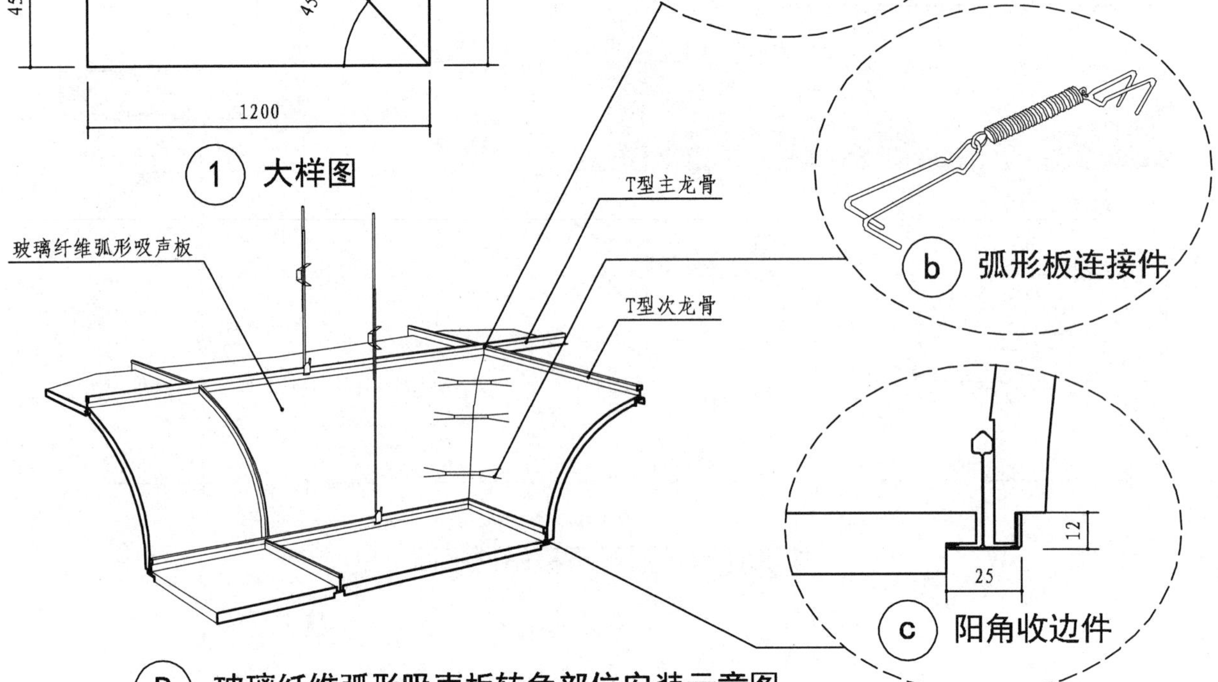

（B） **玻璃纤维弧形吸声板转角部位安装示意图**

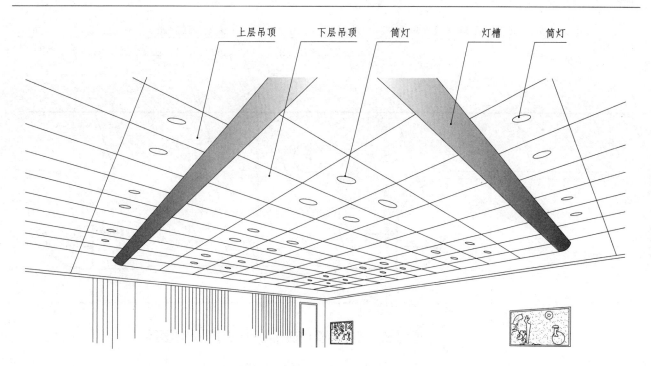

Section1
概论

室内吊顶
综述

室内吊顶
分类

工程做法

悬浮式（带灯槽）玻璃纤维吸声板吊顶示意图

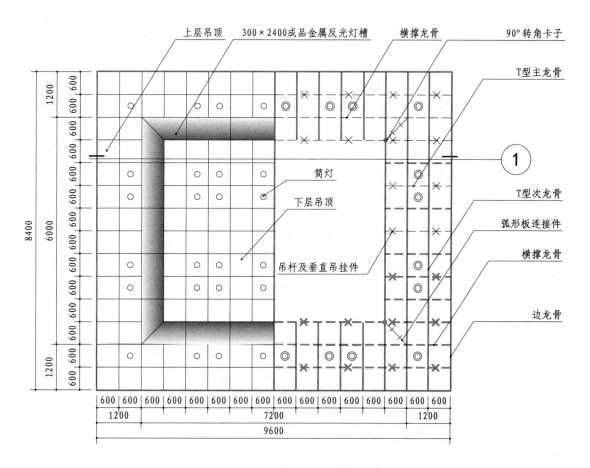

悬浮式（带灯槽）玻璃纤维吸声板吊顶平面

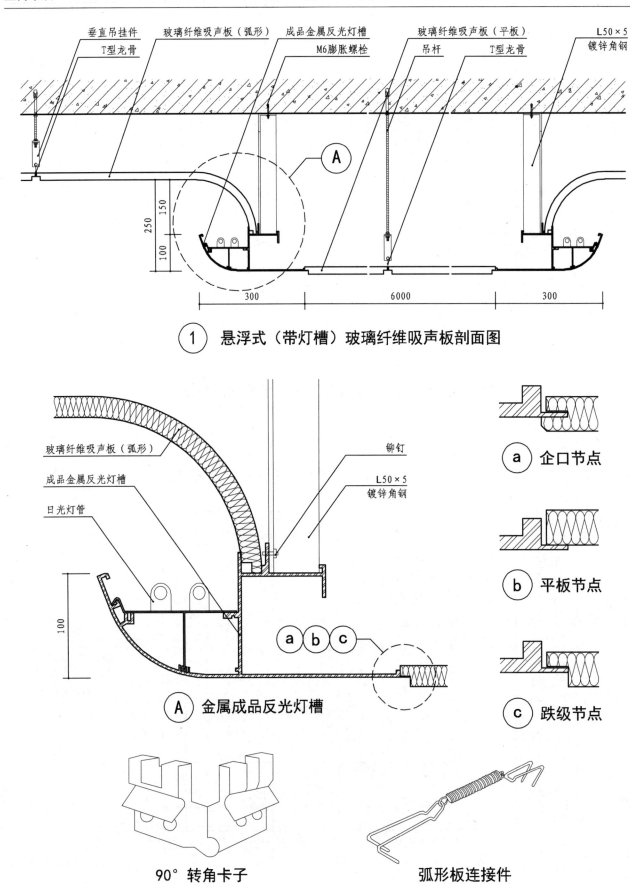

① 悬浮式（带灯槽）玻璃纤维吸声板剖面图

A 金属成品反光灯槽

a 企口节点

b 平板节点

c 跌级节点

90°转角卡子

弧形板连接件

注：成品灯槽采用L50×5角钢自行吊挂于结构顶板或梁底，不与吊顶龙骨系统共用吊杆，需与吊顶龙骨系统完全分开。

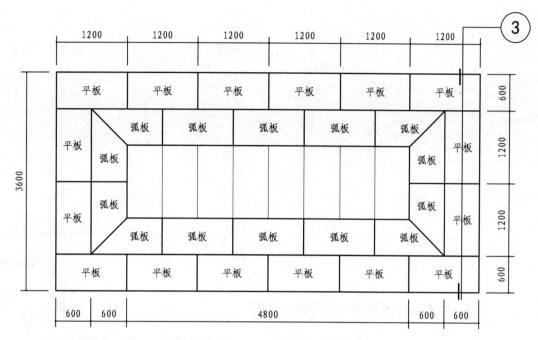

玻璃纤维弧形吸声板吊顶平面图

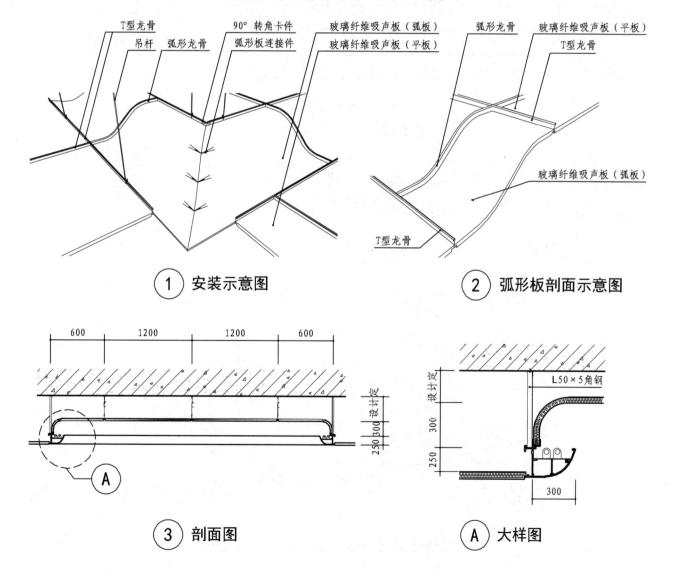

① 安装示意图　　　　② 弧形板剖面示意图

③ 剖面图　　　　Ⓐ 大样图

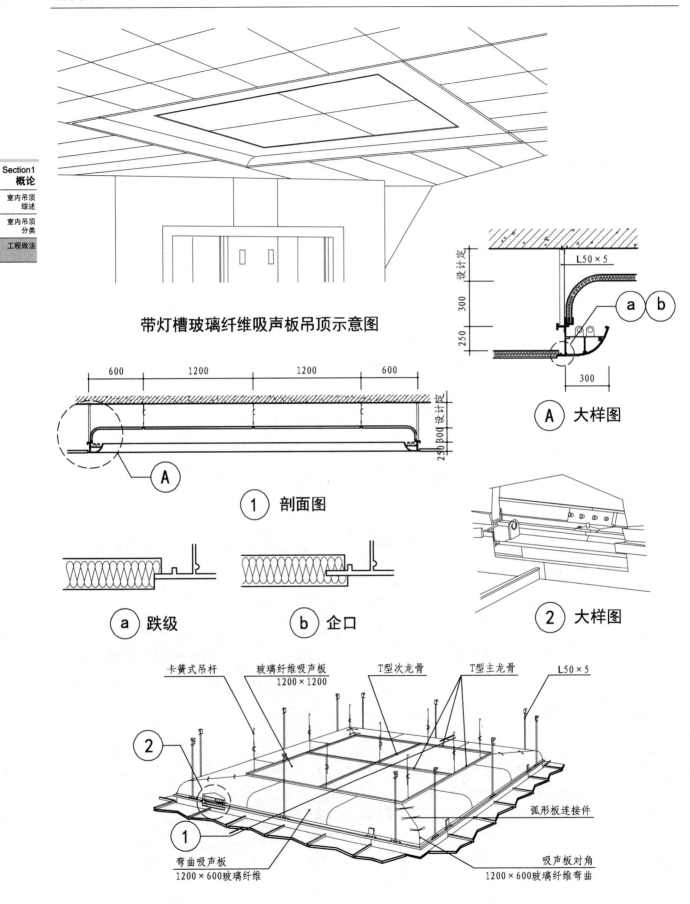

带灯槽玻璃纤维吸声板吊顶示意图

L50×5

Ⓐ 大样图

① 剖面图

ⓐ 跌级　　　　ⓑ 企口

② 大样图

卡簧式吊杆　玻璃纤维吸声板 1200×1200　T型次龙骨　T型主龙骨　L50×5

弧形板连接件

弯曲吸声板 1200×600玻璃纤维

吸声板对角 1200×600玻璃纤维弯曲

带灯槽玻璃纤维吸声板吊顶安装示意图

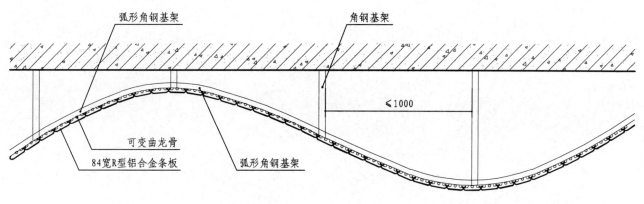

注：1. 弧形吊顶：由可变曲龙骨配合角钢基架组成波浪形骨架，根据设计要求配以84宽R型条板做出弧形吊顶。
　　2. 弧形84宽R型条板：84宽R型条板可以加工成弧形，其最小弧形半径为1m，根据造型要求将龙骨弯曲固定于弧形骨架上，后将条板固定于龙骨上即可，同时为配合此造型，还可配84宽R型专用盖板。84宽R型铝合金板弯弧应在设计中提出弧形半径由厂家加工。

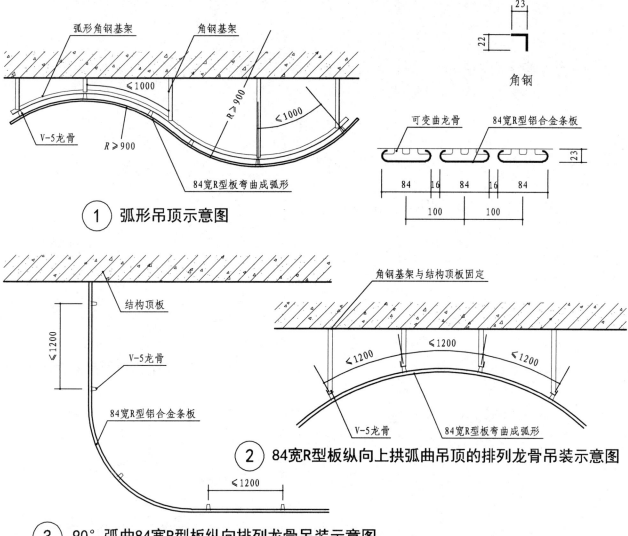

① 弧形吊顶示意图

角钢

② 84宽R型板纵向上拱弧曲吊顶的排列龙骨吊装示意图

③ 90°弧曲84宽R型板纵向排列龙骨吊装示意图

注：1. V-44型龙骨不适用于弧形84宽R型铝合金条板。
　　2. R值根据弧形吊顶造型由设计设定。
　　3. 本页吊顶面板仅以铝合金条板为例编制。

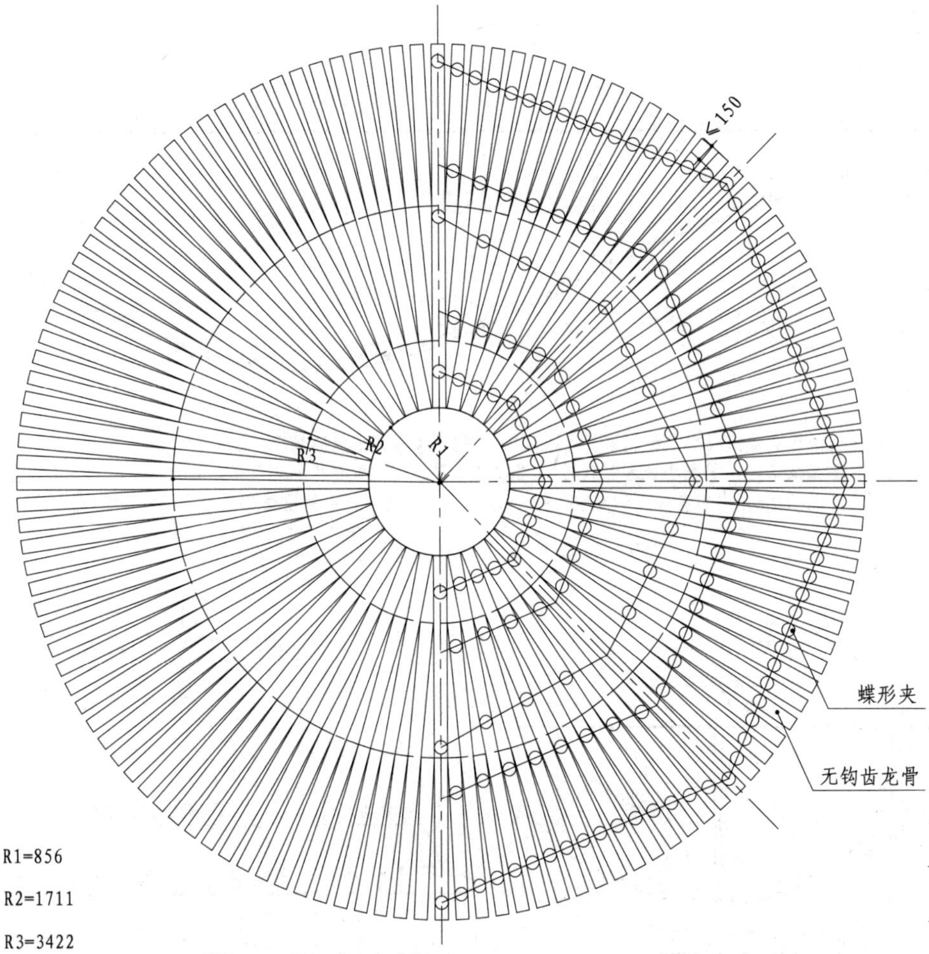

R1=856

R2=1711

R3=3422

蝶形夹

无钩齿龙骨

(1) 84宽R型铝合金条板放射状吊顶

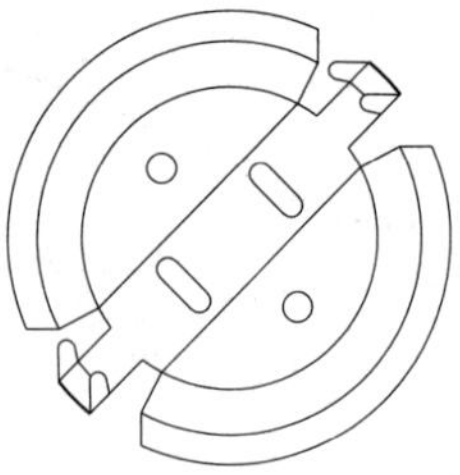

龙骨距板端≤150

龙骨可按多边形排列

龙骨

龙骨间距≤1000

蝶形夹

84宽R型铝合金条板放射状排列

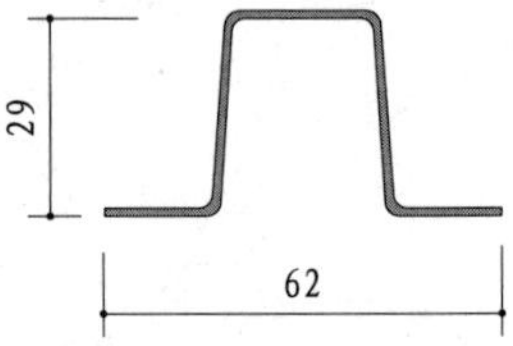

(A) 蝶形夹

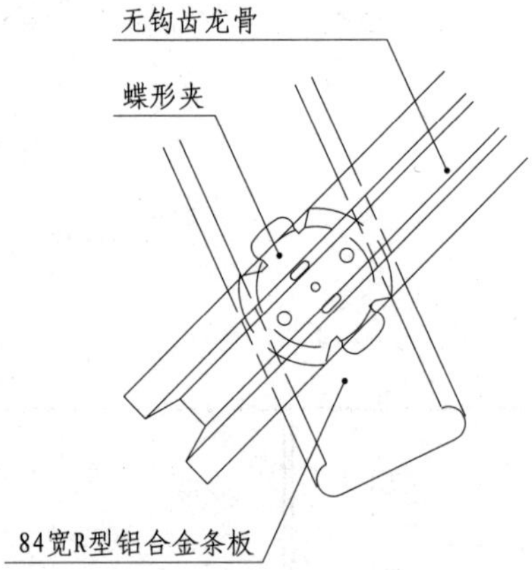

无钩齿龙骨

蝶形夹

84宽R型铝合金条板

(B) 蝶形夹安装示意图

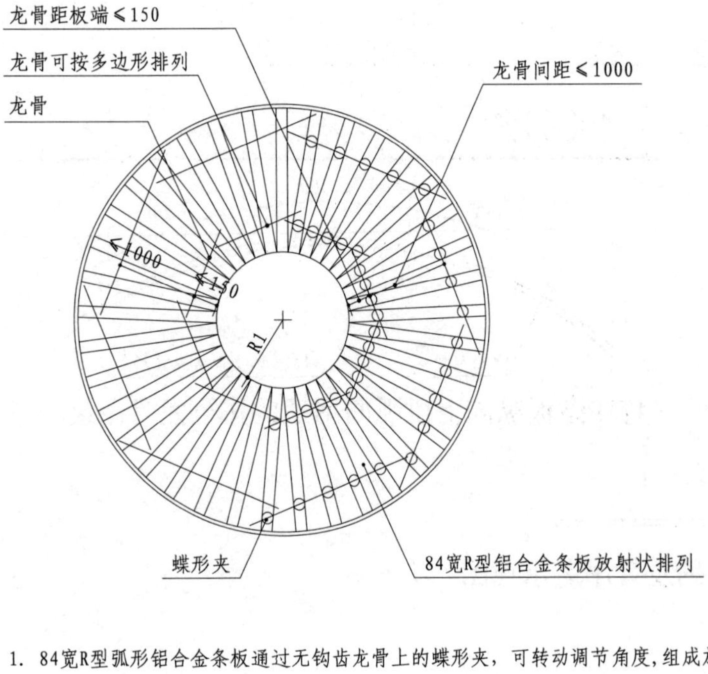

29

62

(C) 无钩齿龙骨

注： 1. 84宽R型弧形铝合金条板通过无钩齿龙骨上的蝶形夹，可转动调节角度，组成放射状排列的图案。

2. 放射状吊顶：通过与无钩齿龙骨及蝶形夹配合使用可产生放射状吊顶效果。

3. 本页吊顶面板仅以铝合金条板为例编制。

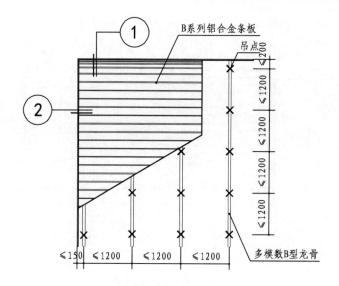

不上人吊顶平面

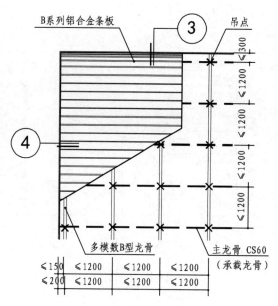

上人吊顶平面

Section1
概论

室内吊顶
综述

室内吊顶
分类

工程做法

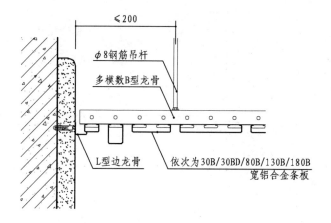

① 不上人吊顶大样图

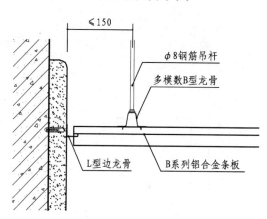

② 不上人吊顶大样图

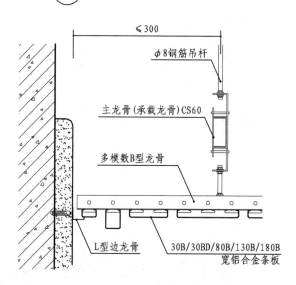

③ 上人吊顶大样图

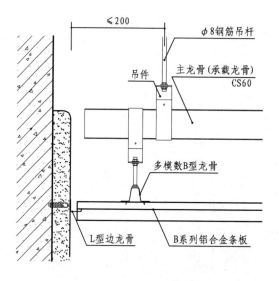

④ 上人吊顶大样图

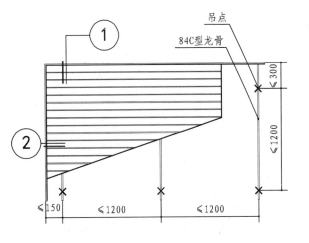

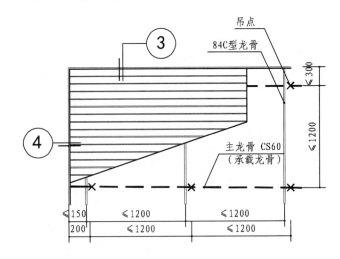

不上人吊顶平面

上人吊顶平面

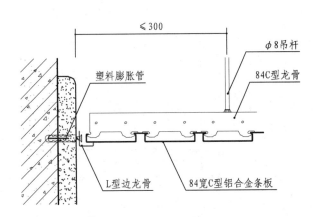

① 不上人大样图

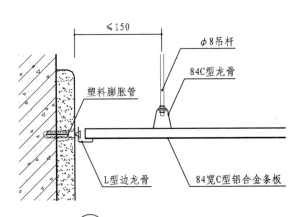

② 不上人大样图

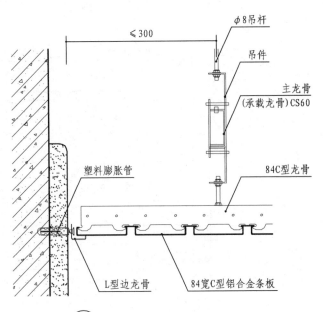

③ 上人吊顶大样图

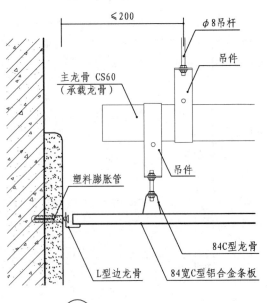

④ 上人吊顶大样图

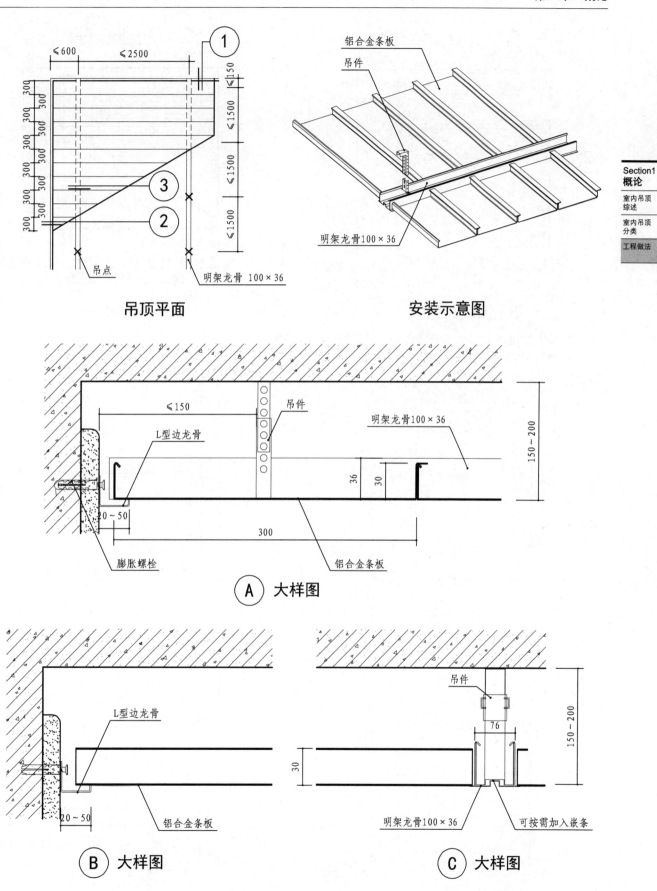

吊顶平面

安装示意图

A 大样图

B 大样图

C 大样图

注:1.本页为明架吊顶体系,龙骨长度为3000mm,条形金属板易于开启。
　　2.吊件可按需上下移动调节吊顶高度。

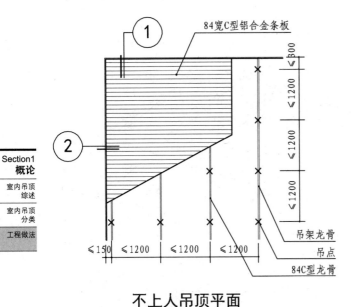

不上人吊顶平面

上人吊顶平面

注:1. 铝合金条板宽度尺寸为75/150/225mm,可置于通用龙骨上不同宽度组合。

2. 本页吊顶面板仅以铝合金条板为例编制。

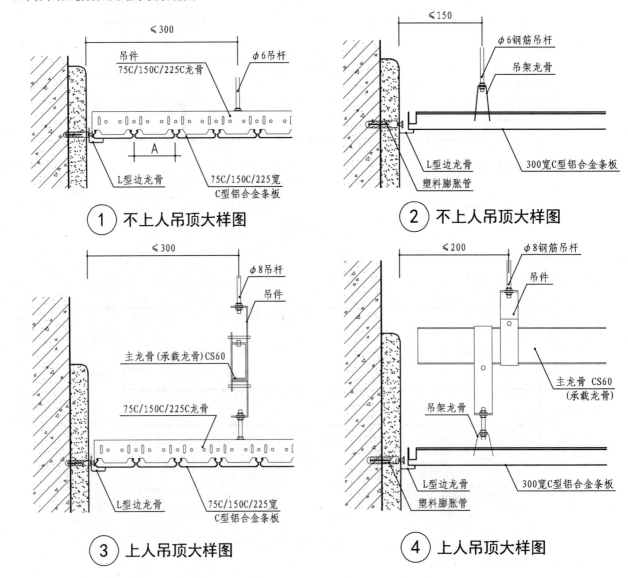

① **不上人吊顶大样图**

② **不上人吊顶大样图**

③ **上人吊顶大样图**

④ **上人吊顶大样图**

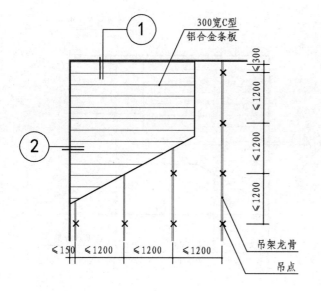

不上人吊顶平面

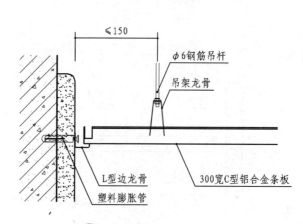

上人吊顶平面

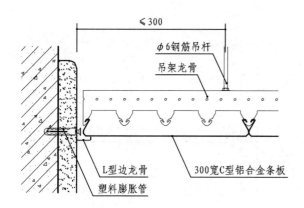

① 不上人吊顶大样图

② 不上人吊顶大样图

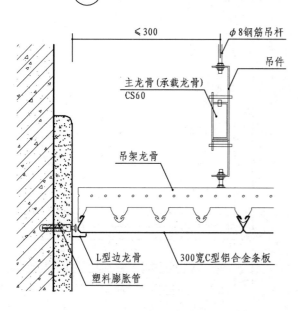

③ 上人吊顶大样图

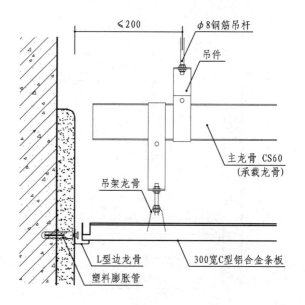

④ 上人吊顶大样图

Section1
概论

室内吊顶
综述

室内吊顶
分类

工程做法

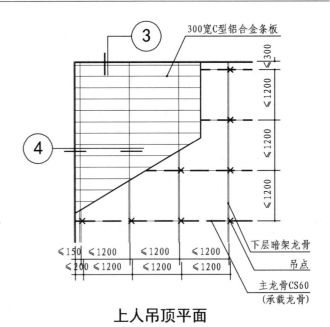

不上人吊顶平面

上人吊顶平面

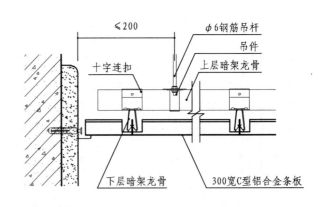

① **不上人吊顶大样图**

② **不上人吊顶大样图**

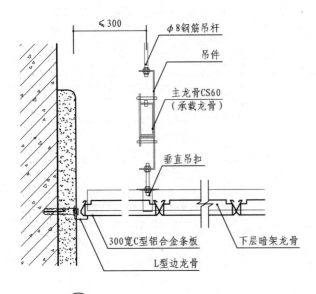

③ **上人吊顶大样图**

④ **上人吊顶大样图**

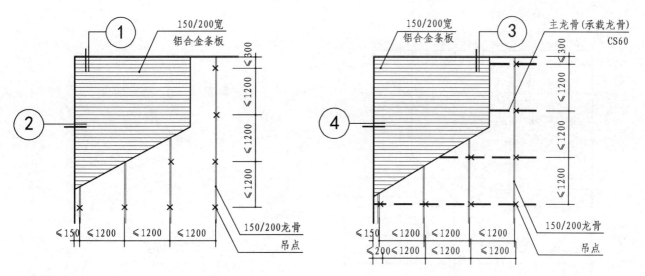

不上人吊顶平面

上人吊顶平面

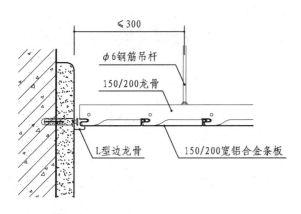

① 不上人吊顶大样图

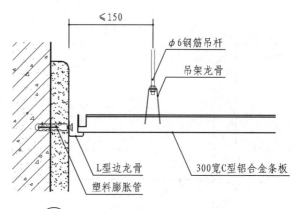

② 不上人吊顶大样图

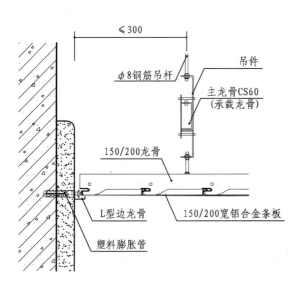

③ 上人吊顶大样图

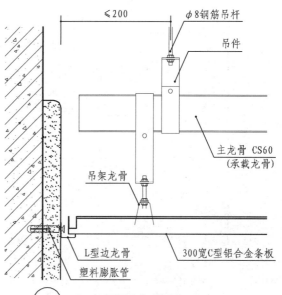

④ 上人吊顶大样图

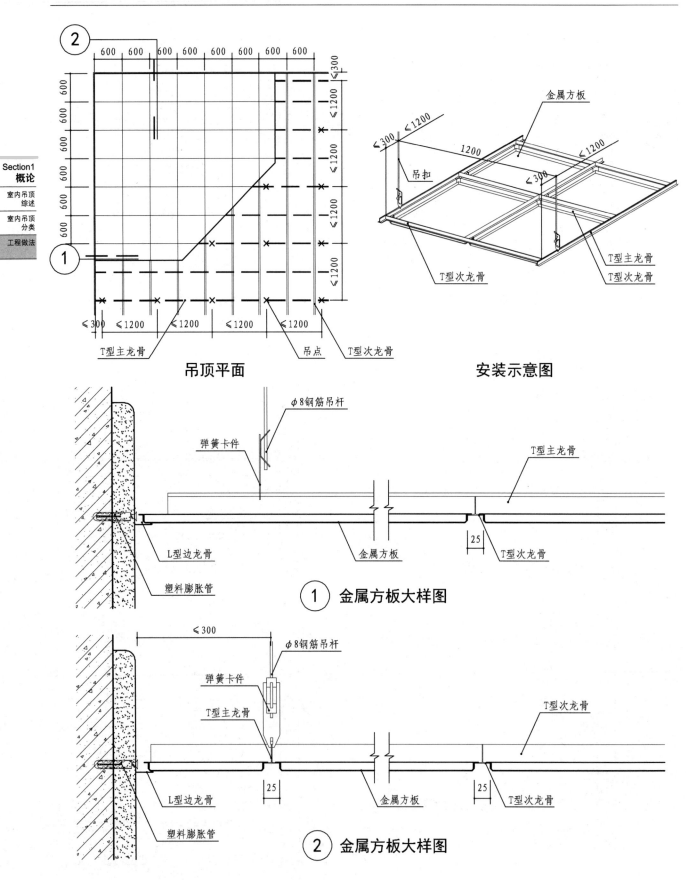

吊顶平面

安装示意图

① 金属方板大样图

② 金属方板大样图

注：1.吊顶板材采用明架式安装，可随时拆卸，便于检修吊顶内部设备，其龙骨可随时拆卸，便于检修吊顶内部设备，其龙骨可与矿棉
     板T型龙骨通用，选用时应注意龙骨自身的承载力。
   2.金属方板规格为600×600。

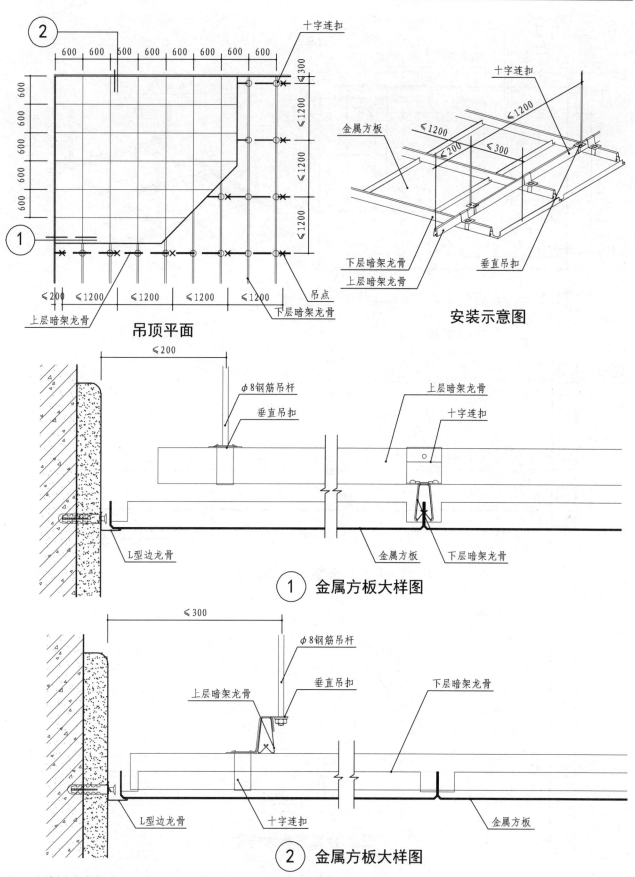

吊顶平面

安装示意图

① **金属方板大样图**

② **金属方板大样图**

注：1. 金属方板规格为600×600/500×500/600×1200。
　　2. 吊顶板材采用暗架式安装，可随时拆卸，便于检修吊顶内部设备，其龙骨可与矿棉板T型龙骨通用，选用时应注意龙骨自身的承载力。
　　3. 本页所示吊顶系龙骨均为配套成品，其规格以厂家配套产品为准。

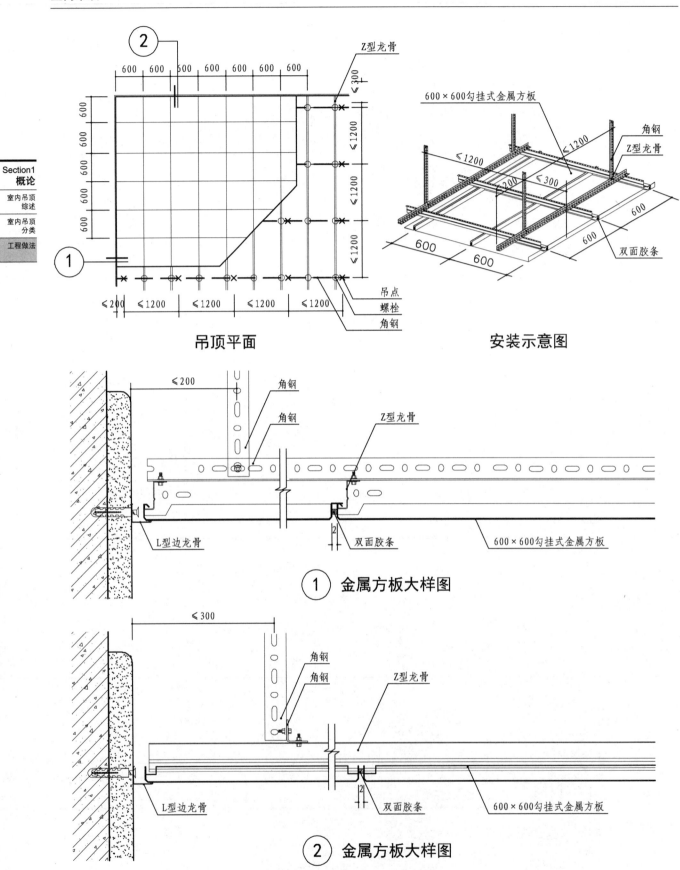

吊顶平面

安装示意图

① 金属方板大样图

② 金属方板大样图

注：1.勾挂式方块板规格较多，最大矩形规格为800×4000，最大正方形规格为1250×1250。
　　2.吊顶板材采用勾挂式安装，可随时拆卸，便于检修吊顶内部设备。其龙骨可与矿棉板T型龙骨通用，选用时应注意龙骨自身的承载力。
　　3.本页所示吊顶系列龙骨均为配套成品，其规格以厂家配套产品为准。

蜂窝铝合金板采用"蜂窝式夹层"结构,即以铝合金板作为面、底板与铝蜂窝芯经高温、高压复合制造而成。其表面材质除采用铝合金外,还可采用铜、锌、不锈钢、钛金板、防火板、大理石等材质做为面层材质。

蜂窝铝合金板的特点:

1. 板面大、平整度高。蜂窝铝合金板的板面尺寸可达到1500×5000,并能保持较好的平整效果。
2. 蜂窝铝合金板重量轻,在满足大幅板面要求的条件下,大大减轻建筑物的承重荷载。
3. 可承受高强度的压力和剪力,不易变形,能满足建筑抗风压要求。
4. 蜂窝铝合金板在尺寸、形状、漆面和颜色等方面可根据设计需求定制。
5. 每块板可单独拆卸、更换,提高了安装维护的灵活性,降低了成本。
6. 蜂窝铝合金板为四周包边的盒式结构,具有良好的密闭性,提高了蜂窝铝合金板的安全性和使用寿命。

Section1
概论
室内吊顶
综述
室内吊顶
分类
工程做法

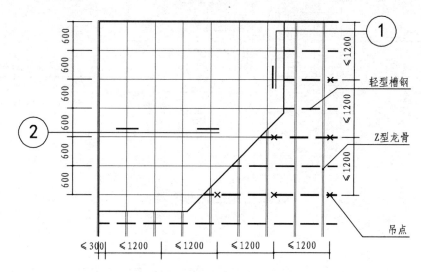

蜂窝铝合金板吊顶平面

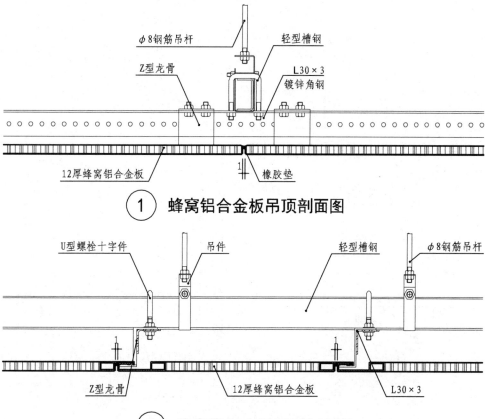

① 蜂窝铝合金板吊顶剖面图

② 蜂窝铝合金板吊顶剖面图

Section1
概论

室内吊顶
综述

室内吊顶
分类

工程做法

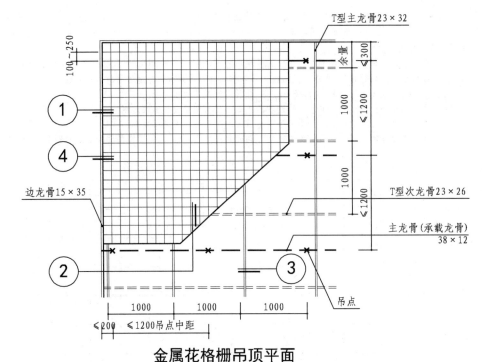

金属花格栅吊顶平面

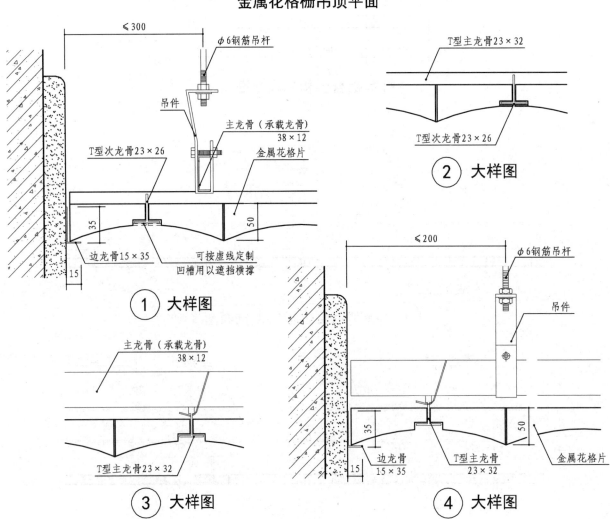

注: 1. 金属花格栅用0.55mm镀锌钢板或1mm铝合金条板制作, 预制成每块1000×1000。
    2. 金属花格栅表面涂层方式及颜色由设计人确定。

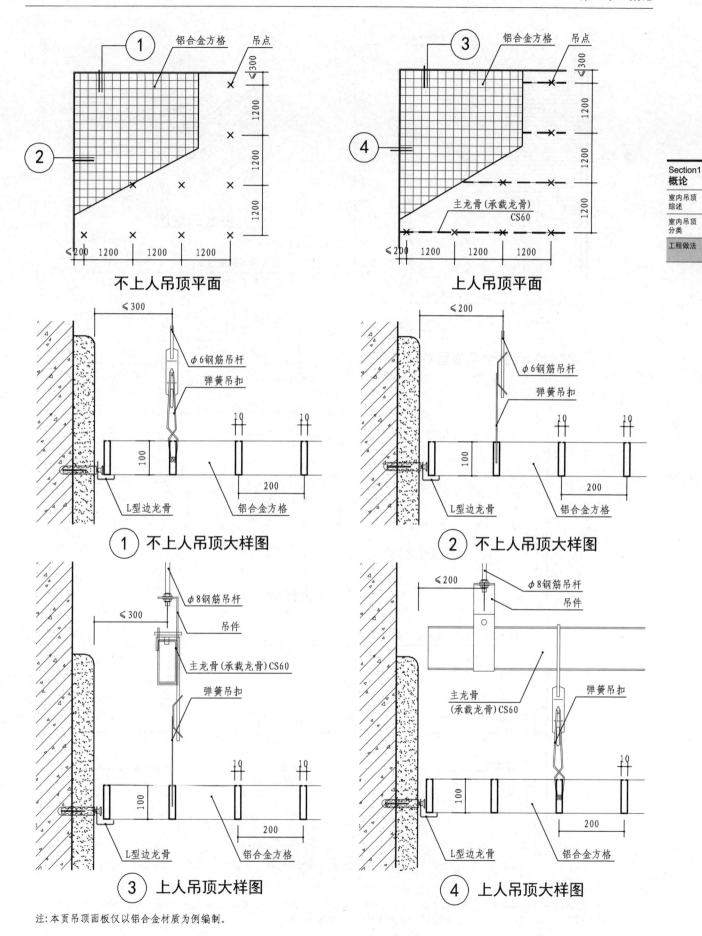

① 铝合金方格 吊点

②

不上人吊顶平面

③ 铝合金方格 吊点

④ 主龙骨(承载龙骨) CS60

上人吊顶平面

φ6钢筋吊杆
弹簧吊扣
L型边龙骨
铝合金方格

① 不上人吊顶大样图

φ6钢筋吊杆
弹簧吊扣
L型边龙骨
铝合金方格

② 不上人吊顶大样图

φ8钢筋吊杆
吊件
主龙骨(承载龙骨)CS60
弹簧吊扣
L型边龙骨
铝合金方格

③ 上人吊顶大样图

φ8钢筋吊杆
吊件
主龙骨(承载龙骨)CS60
弹簧吊扣
L型边龙骨
铝合金方格

④ 上人吊顶大样图

Section1
概论
室内吊顶综述
室内吊顶分类
工程做法

注:本页吊顶面板仅以铝合金材质为例编制。

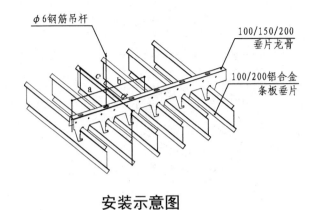

① 100/200铝合金条板垂片

② 100/200垂片龙骨

吊点

≤150 ≤1200 ≤1200 ≤1200

100/200铝合金条板垂片吊顶平面

φ6钢筋吊杆

100/150/200 垂片龙骨

100/200铝合金 条板垂片

安装示意图

龙骨吊点间距表(mm)

龙骨端头距离（a）	300
吊杆间距（b）	1200
龙骨间距（c）	1700
挂片挑出（d）	150

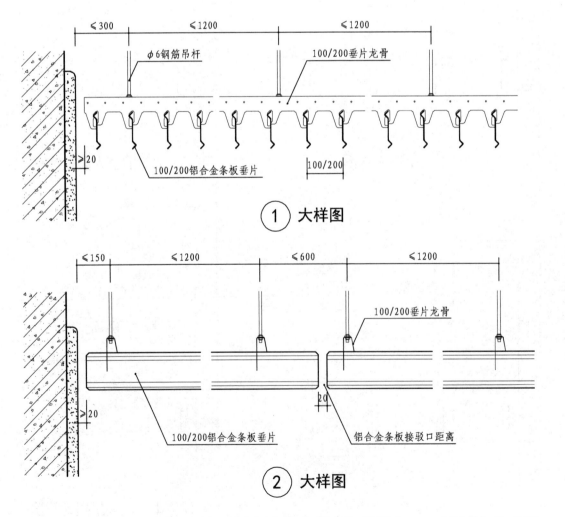

≤300 ≤1200 ≤1200

φ6钢筋吊杆

100/200垂片龙骨

≥20

100/200铝合金条板垂片

100/200

① **大样图**

≤150 ≤1200 ≤600 ≤1200

100/200垂片龙骨

≥20

100/200铝合金条板垂片

铝合金条板接驳口距离

20

② **大样图**

注：100/200铝合金条板垂片吊顶为露空式吊顶，对吊顶内部设备起到一定隐藏作用。板厚均为0.6mm，高度分别为100mm及200mm。
除本图所示平面排布方式外，还可依据设计要求排布成多种平面组合方式。

Section1
概论
室内吊顶
综述
室内吊顶
分类
工程做法

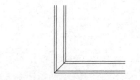

A：扁码与扁码45°角拼接

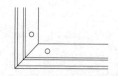

B-1：F码与F码45°角拼接

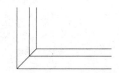

B-2：F码与F码做明码时45°角拼接

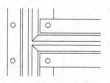

C：纵双码与纵双码90°角拼接

D：横双码与纵双码90°角拼接

E：扁码与纵双码90°角拼接

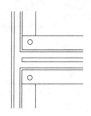

F-1：F码与纵双码90°角拼接

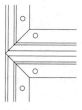

F-2：F码与纵双码45°角拼接

F-3：F码做明码时与
纵双码90°角拼接

G：扁码与F码直线连接

注：圆形半径根据设计确定。

H：按拼接线安装龙骨

Section1
概论

室内吊顶
综述

室内吊顶
分类

工程做法

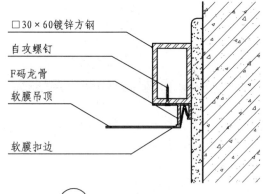

① 扁码安装

扁码: 适合平面造形, 沿墙体安装。可以横向弯曲, 用于平面圆形、弧形等造型, 适用于燃烧性能等级为 B_1 级的膜材。

② F码安装

F码: 适合立体造型, 沿墙体安装。可以做纵向弯曲, 用于纵向波浪形、弧形、穹形、喇叭形等造型, 并且适用于各种平面、斜面造型, 适用于燃烧性能等级为 B_1 级的膜材。

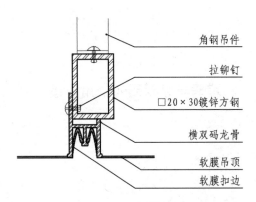

③ 横双码安装

横双码: 主要适用于平面弧形、波浪形的软膜与软膜连接安装, 适用于燃烧性能等级为 B_1 级的膜材。

④ 纵双码安装

纵双码: 适合纵向弧形、波浪形, 软膜与软膜的连接安装。也适用于平面直线软膜与软膜的连接安装, 适用于燃烧性能等级为 B_1 级的膜材。

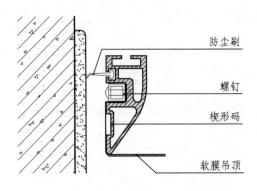

⑤ 楔形码安装

楔形码: 适合平面及立体造型, 适用于燃烧性能等级为A级的膜材。

空净顶装系统

无光槽系列与平板照明、一体回风口空气净化组合应用示意图：

● 混风式双向导流格栅 F2　　　　　● LED平板照明 FL2　　　　　● 混风式双向导流格栅 F2

● LED平板照明 FL2　　　　　功能面板　　　　　● 喷淋

单光槽系列与一体回风口空气净化组合应用示意图：

双光槽系列与一体回风口空气净化组合应用示意图：

● LED无暗区照明　　　　　● 空净顶装系统　　　● 控制区　　　　　● 喷淋
回风口空气净化器

320 / 1200	320 / 1200	220 / 1200	220 / 1200	220 / 1200
双光槽	单光槽	单光槽	无光槽	面板灯

320 / 1200	320 / 1200	220 / 1200	220 / 1200	
双光槽回风口式净化器	单光槽回风口式净化器	单光槽回风口式净化器	无光槽回风口式净化器	控制器

喷淋　烟感　消防喇叭　筒灯　双头筒灯　应急灯　监控探头　温度感应器　无线覆盖　红外感应器

顶装系统示意图

注：本图资料由杭州臣工医用空气净化技术有限公司提供。

93

第二章　工程案例

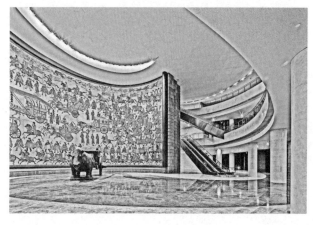

Section2
工程案例

纸面石膏板
实例

某接待室吊顶实例照片

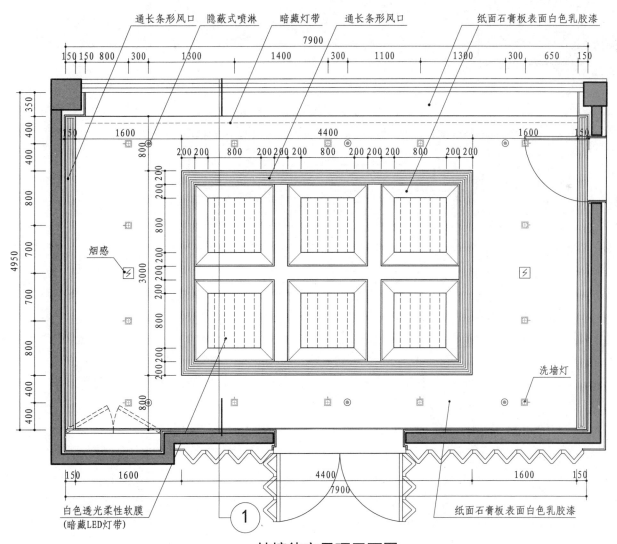

通长条形风口　隐蔽式喷淋　暗藏灯带　通长条形风口　　纸面石膏板表面白色乳胶漆

7900

150 150 800　300　1300　　1400　300　1100　　1300　300　650 150

350
400
400
400
800

150　1600　　4400　　1600　150

800

200 200　800　200 200 200　800　200 200 200　800　200 200

200 200

4950
800
700
3000
700
800

200 200

烟感

洗墙灯

150　1600　　4400　　1600　150
7900

白色透光柔性软膜
（暗藏LED灯带）

①

纸面石膏板表面白色乳胶漆

某接待室吊顶平面图

注：当顶面材料燃烧性能等级要求为A级时，乳胶漆均应改为无机涂料，软膜龙骨建议采用楔形码。

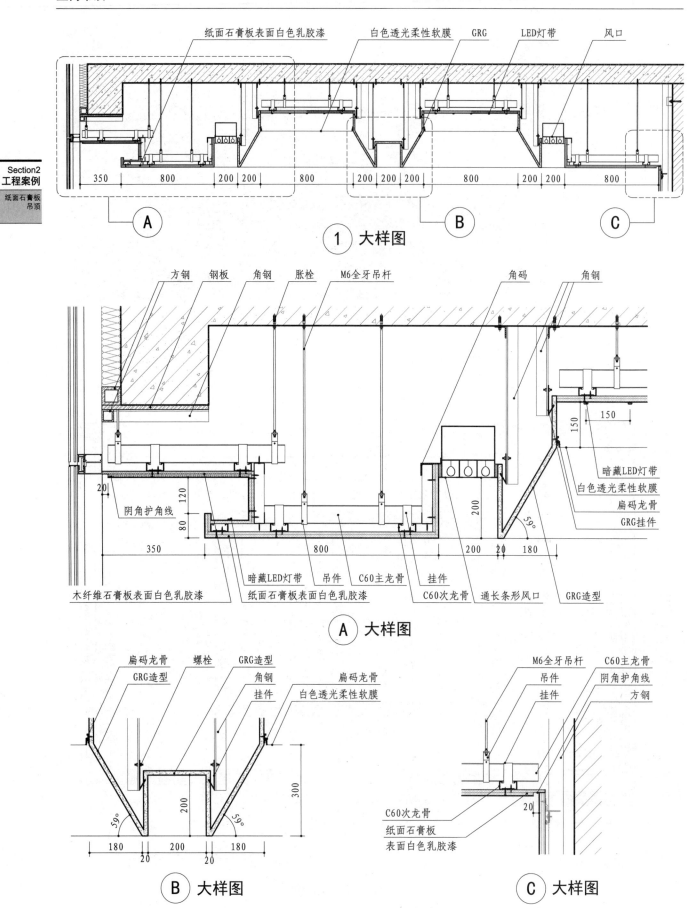

注：当顶面材料燃烧性能等级要求为A级时，乳胶漆均应改为无机涂料，软膜龙骨建议采用楔形码。

某接待室吊顶实例照片

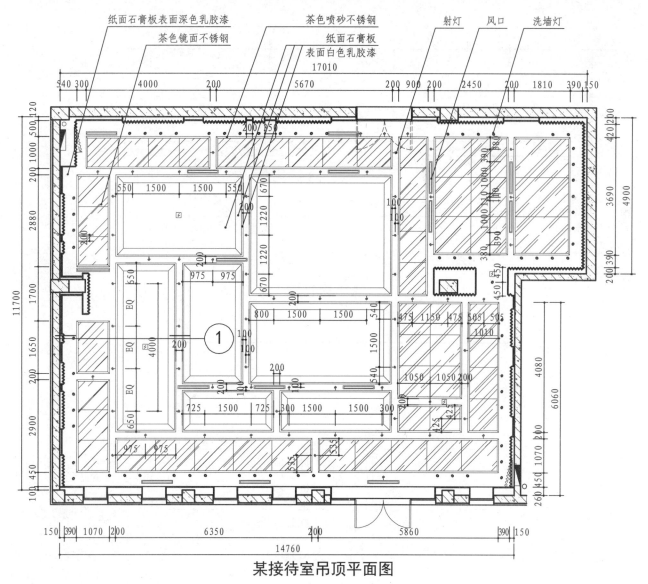

某接待室吊顶平面图

注：当顶面材料燃烧性能等级要求为A级时，乳胶漆均应改为无机涂料。

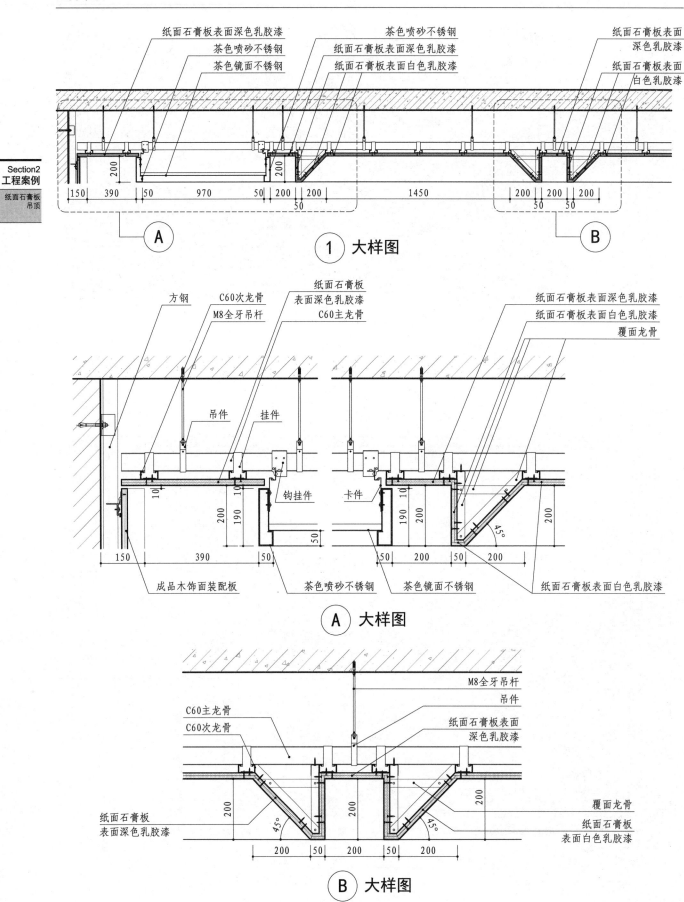

纸面石膏板表面深色乳胶漆
茶色喷砂不锈钢
茶色镜面不锈钢
茶色喷砂不锈钢
纸面石膏板表面深色乳胶漆
纸面石膏板表面白色乳胶漆
纸面石膏板表面深色乳胶漆
纸面石膏板表面白色乳胶漆

1 大样图

方钢
C60次龙骨
M8全牙吊杆
纸面石膏板表面深色乳胶漆
C60主龙骨
纸面石膏板表面深色乳胶漆
纸面石膏板表面白色乳胶漆
覆面龙骨

吊件　挂件
钩挂件
卡件

成品木饰面装配板
茶色喷砂不锈钢
茶色镜面不锈钢
纸面石膏板表面白色乳胶漆

A 大样图

C60主龙骨
C60次龙骨
M8全牙吊杆
吊件
纸面石膏板表面深色乳胶漆

纸面石膏板表面深色乳胶漆
覆面龙骨
纸面石膏板表面白色乳胶漆

B 大样图

注：当顶面材料燃烧性能等级要求为A级时，乳胶漆均应改为无机涂料。

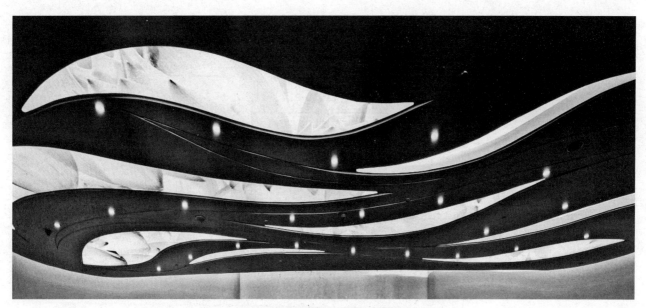

某VIP接待室吊顶实例照片

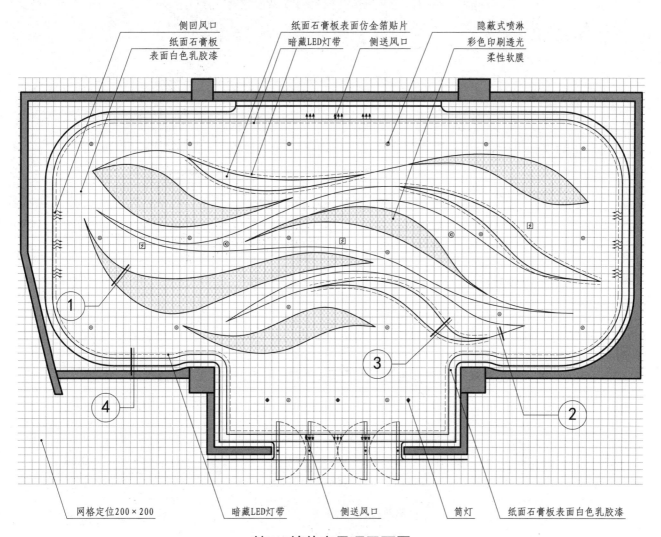

某VIP接待室吊顶平面图

注：当顶面材料燃烧性能等级要求为A级时，乳胶漆均应改为无机涂料，软膜龙骨建议采用楔形码。

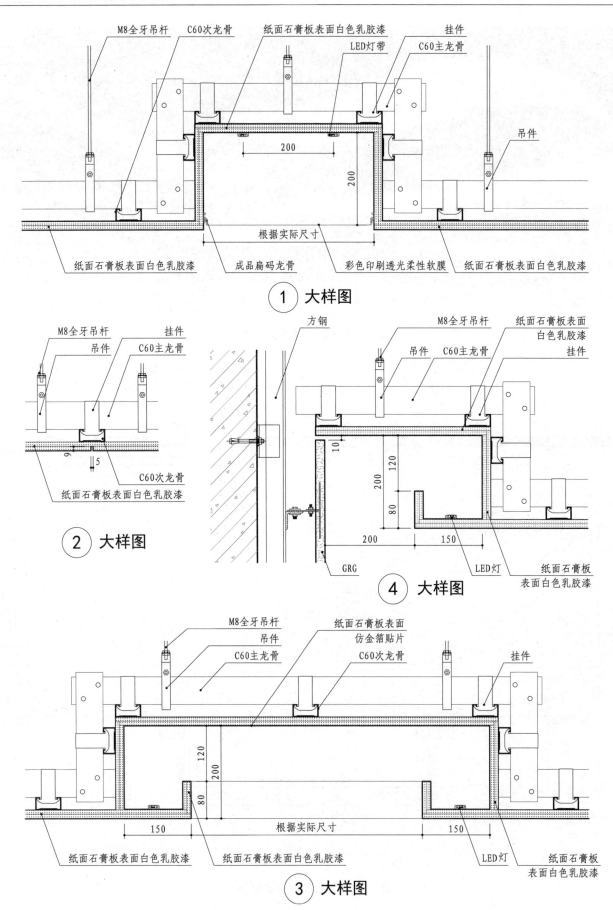

M8全牙吊杆　C60次龙骨　纸面石膏板表面白色乳胶漆　挂件
LED灯带　C60主龙骨
吊件
200
200
根据实际尺寸
纸面石膏板表面白色乳胶漆　成品扁码龙骨　彩色印刷透光柔性软膜　纸面石膏板表面白色乳胶漆

① 大样图

M8全牙吊杆　挂件
吊件　C60主龙骨
9
5
C60次龙骨
纸面石膏板表面白色乳胶漆

② 大样图

方钢
M8全牙吊杆　纸面石膏板表面白色乳胶漆
吊件　C60主龙骨　挂件
10
120
200
80
200　150
GRG　LED灯　纸面石膏板表面白色乳胶漆

④ 大样图

M8全牙吊杆　纸面石膏板表面仿金箔贴片
吊件　C60次龙骨　挂件
C60主龙骨
120
200
80
150　根据实际尺寸　150
纸面石膏板表面白色乳胶漆　纸面石膏板表面白色乳胶漆　LED灯　纸面石膏板表面白色乳胶漆

③ 大样图

注：当顶面材料燃烧性能等级要求为A级时，乳胶漆均应以无机涂料替代，材料燃烧性能等级要求为A级的膜材应采用楔形码边龙骨。

某画廊吊顶实例照片

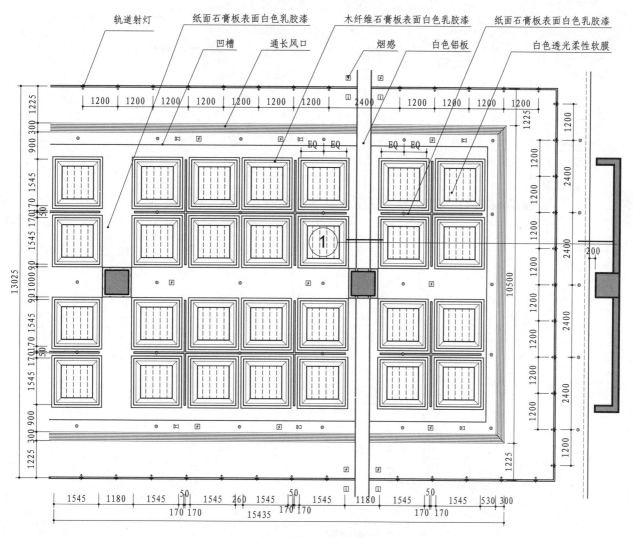

某画廊吊顶平面图

注：当顶面材料燃烧性能等级要求为A级时，乳胶漆均应改为无机涂料。

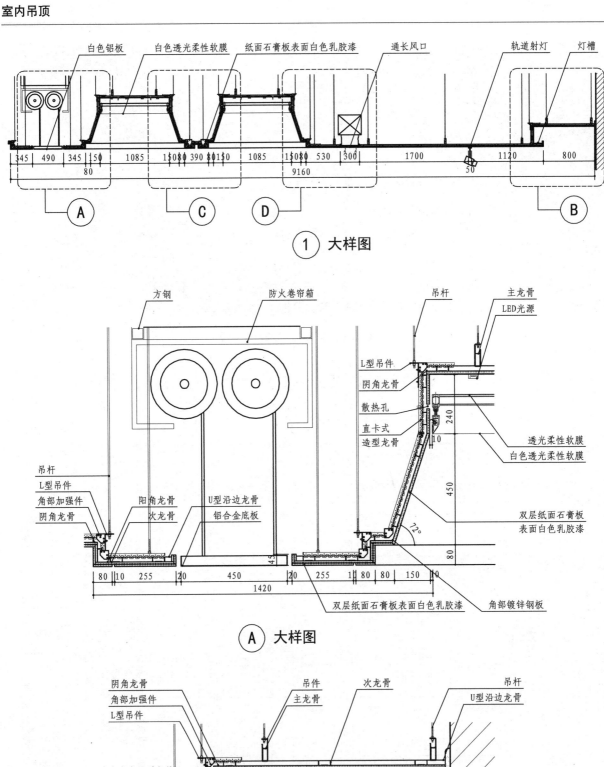

注：当顶面材料燃烧性能等级要求为A级时，乳胶漆均应以无机涂料替代，材料燃烧性能等级要求为A级的膜材应采用楔形码边龙骨。

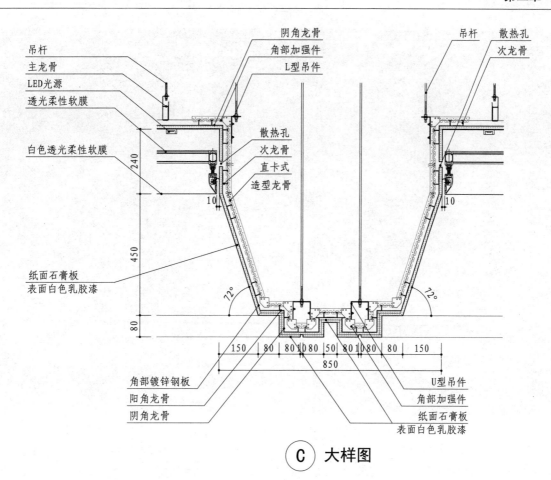

吊杆
主龙骨
LED光源
透光柔性软膜

阴角龙骨
角部加强件
L型吊件

吊杆　散热孔
次龙骨

白色透光柔性软膜

散热孔
次龙骨
直卡式
造型龙骨

240

10

10

450

72°   72°

纸面石膏板
表面白色乳胶漆

80

150 | 80 | 80|10|80 | 50 | 80|10|80 | 80 | 150
850

角部镀锌钢板
阳角龙骨
阴角龙骨

U型吊件
角部加强件
纸面石膏板
表面白色乳胶漆

C 大样图

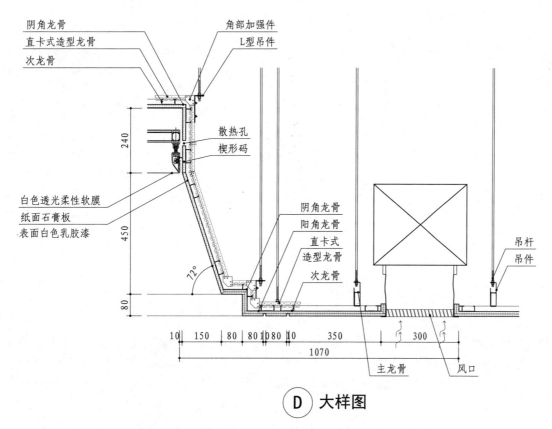

阴角龙骨
直卡式造型龙骨
次龙骨

角部加强件
L型吊件

240

散热孔
楔形码

白色透光柔性软膜
纸面石膏板
表面白色乳胶漆

450

阴角龙骨
阳角龙骨
直卡式
造型龙骨
次龙骨

72°

80

10 | 150 | 80 | 80|10|80 | 10 | 350 | 300
1070

主龙骨　风口

吊杆
吊件

D 大样图

注：当顶面材料燃烧性能等级要求为A级时，乳胶漆均应以无机涂料替代，材料燃烧性能等级要求为A级的膜材应采用楔形码边龙骨。

某会议室吊顶实例照片

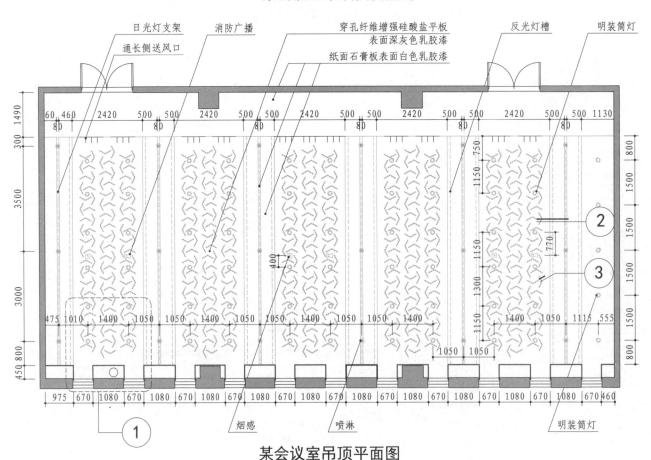

某会议室吊顶平面图

注：当顶面材料燃烧性能等级要求为A级时，乳胶漆均应以无机涂料替代。

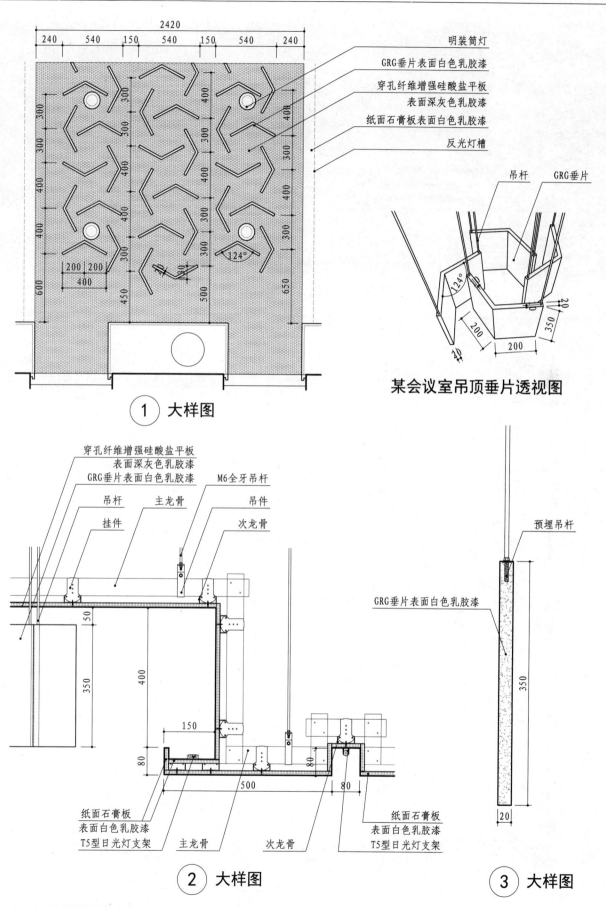

明装筒灯
GRG垂片表面白色乳胶漆
穿孔纤维增强硅酸盐平板
表面深灰色乳胶漆
纸面石膏板表面白色乳胶漆
反光灯槽

吊杆　GRG垂片

某会议室吊顶垂片透视图

① 大样图

穿孔纤维增强硅酸盐平板
表面深灰色乳胶漆
GRG垂片表面白色乳胶漆
吊杆　主龙骨　M6全牙吊杆
挂件　吊件
次龙骨

预埋吊杆

GRG垂片表面白色乳胶漆

纸面石膏板
表面白色乳胶漆
T5型日光灯支架　主龙骨　次龙骨

纸面石膏板
表面白色乳胶漆
T5型日光灯支架

② 大样图

③ 大样图

注：当顶面材料燃烧性能等级要求为A级时，乳胶漆均应以无机涂料替代。

某多功能厅吊顶实例照片

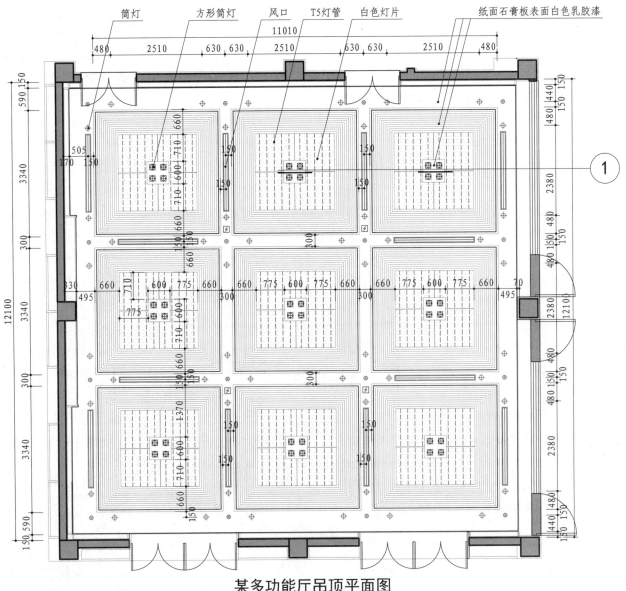

某多功能厅吊顶平面图

注：当顶面材料燃烧性能等级要求为A级时，乳胶漆均应以无机涂料替代。

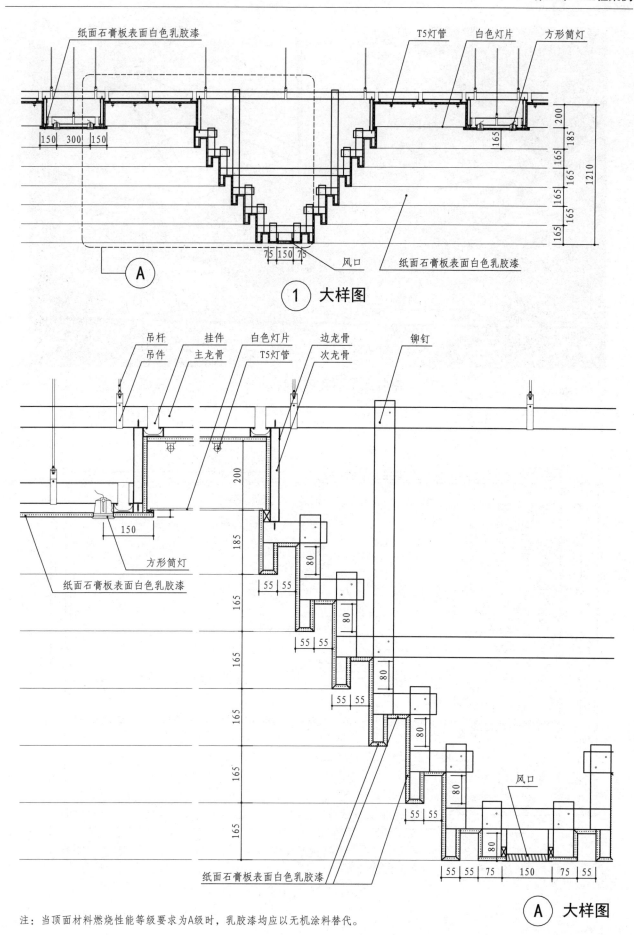

纸面石膏板表面白色乳胶漆
T5灯管　白色灯片　方形筒灯

150 300 150
75 150 75 风口
纸面石膏板表面白色乳胶漆

200 185 165 165 165 165 1210 165 200

A

① 大样图

Section2
工程案例
纸面石膏板
吊顶

吊杆　挂件　白色灯片　边龙骨　铆钉
吊件　主龙骨　T5灯管　次龙骨

200
185
165
165
165
165

方形筒灯
纸面石膏板表面白色乳胶漆

150

80
55 55
80
55 55
80
55 55
80
55 55
80
55 55 75 150 75 55

风口

纸面石膏板表面白色乳胶漆

A 大样图

注：当顶面材料燃烧性能等级要求为A级时，乳胶漆均应以无机涂料替代。

某餐厅吊顶实例照片

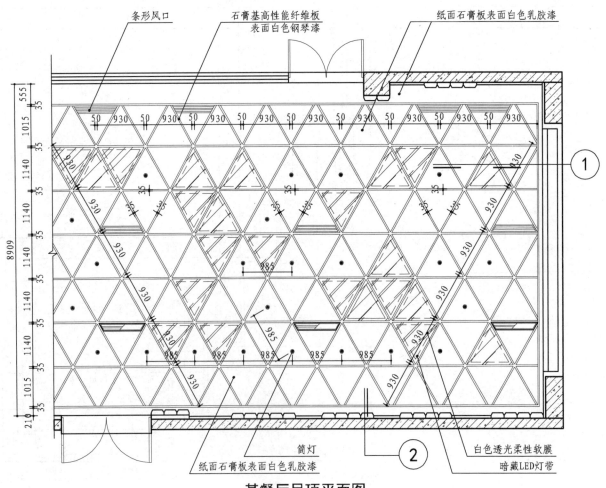

某餐厅吊顶平面图

注：当顶面材料燃烧性能等级要求为A级时，乳胶漆均应以无机涂料替代，材料燃烧性能等级要求为A级的膜材应采用楔形码边龙骨。

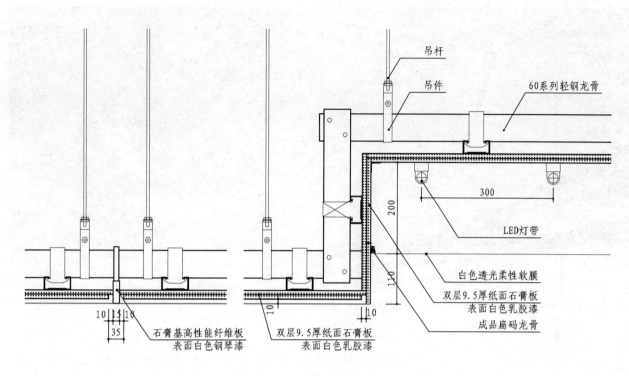

吊杆
吊件
60系列轻钢龙骨
LED灯带
白色透光柔性软膜
双层9.5厚纸面石膏板
表面白色乳胶漆
成品扁码龙骨
300
200
110

石膏基高性能纤维板
表面白色钢琴漆
10 15 10
35

双层9.5厚纸面石膏板
表面白色乳胶漆
10
10

① 大样图

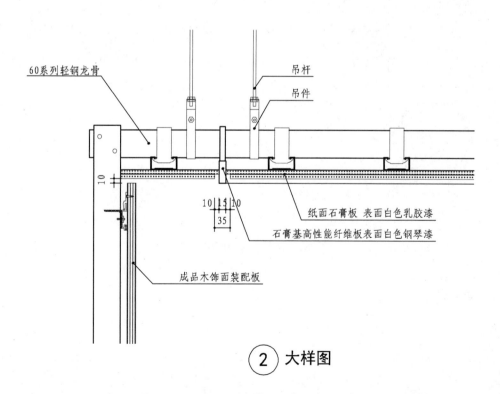

60系列轻钢龙骨
吊杆
吊件
10
纸面石膏板 表面白色乳胶漆
10 15 10
35
石膏基高性能纤维板表面白色钢琴漆
成品木饰面装配板

② 大样图

注：当顶面材料燃烧性能等级要求为A级时，乳胶漆均以无机涂料替代，材料燃烧性能等级要求为A级的膜材应采用楔形码边龙骨。

某卖场吊顶实例照片

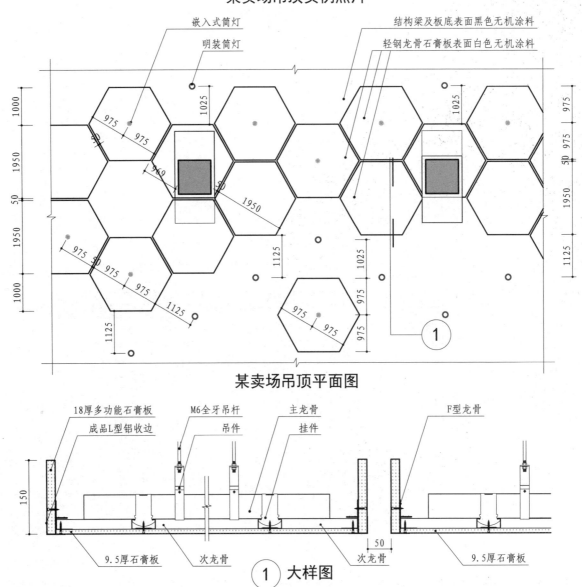

嵌入式筒灯

明装筒灯

结构梁及板底表面黑色无机涂料

轻钢龙骨石膏板表面白色无机涂料

某卖场吊顶平面图

18厚多功能石膏板

成品L型铝收边

M6全牙吊杆

吊件

主龙骨

挂件

F型龙骨

9.5厚石膏板

次龙骨

次龙骨

9.5厚石膏板

① **大样图**

某直播间效果图

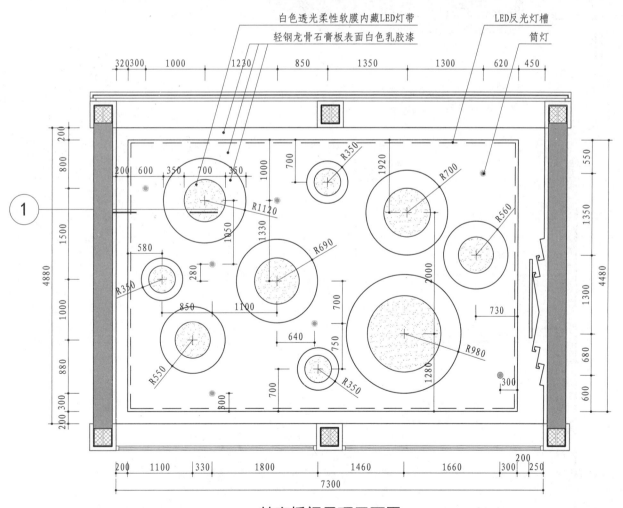

白色透光柔性软膜内藏LED灯带
轻钢龙骨石膏板表面白色乳胶漆
LED反光灯槽
筒灯

某直播间吊顶平面图

注：当顶面材料燃烧性能等级要求为A级时，乳胶漆均应以无机涂料替代，材料燃烧性能等级要求为A级的膜材应采用楔形码边龙骨。

Section2
工程案例
纸面石膏板
吊顶

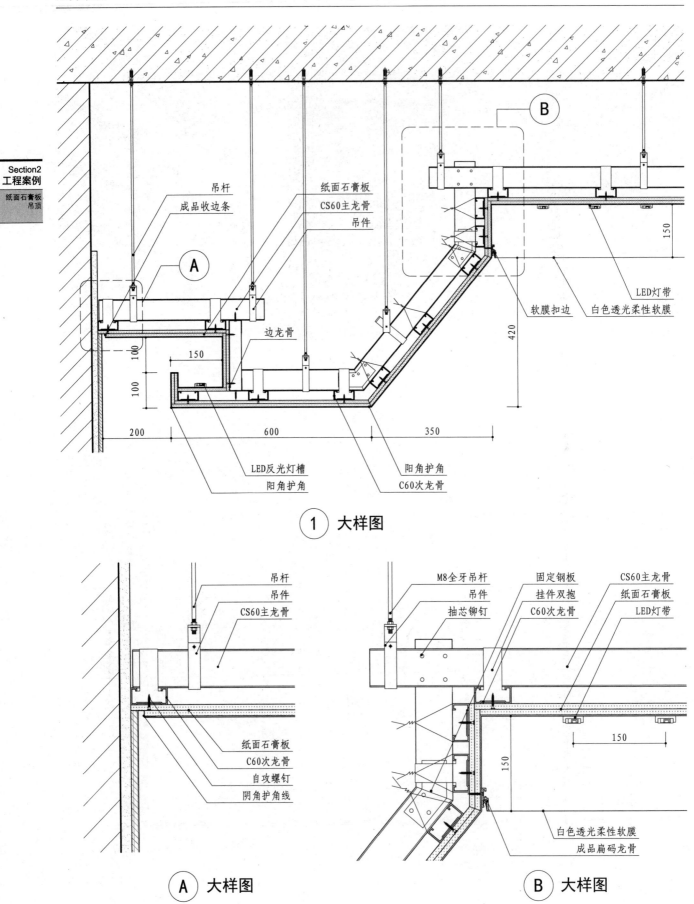

1 大样图

A 大样图

B 大样图

注：当顶面材料燃烧性能等级要求为A级时，乳胶漆均应以无机涂料替代，材料燃烧性能等级要求为A级的膜材应采用楔形码边龙骨。

某临时展厅吊顶实例图片

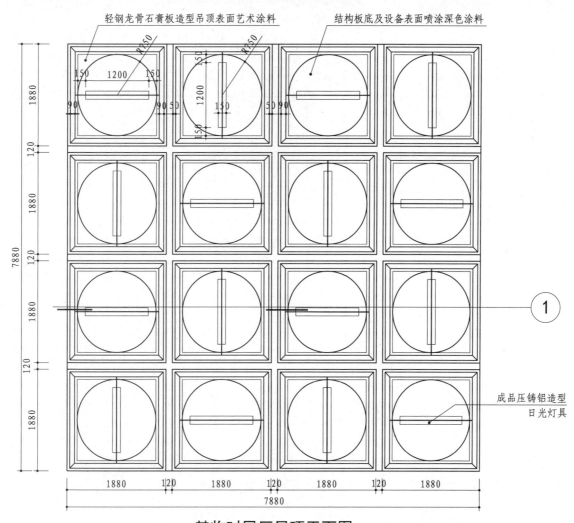

某临时展厅吊顶平面图

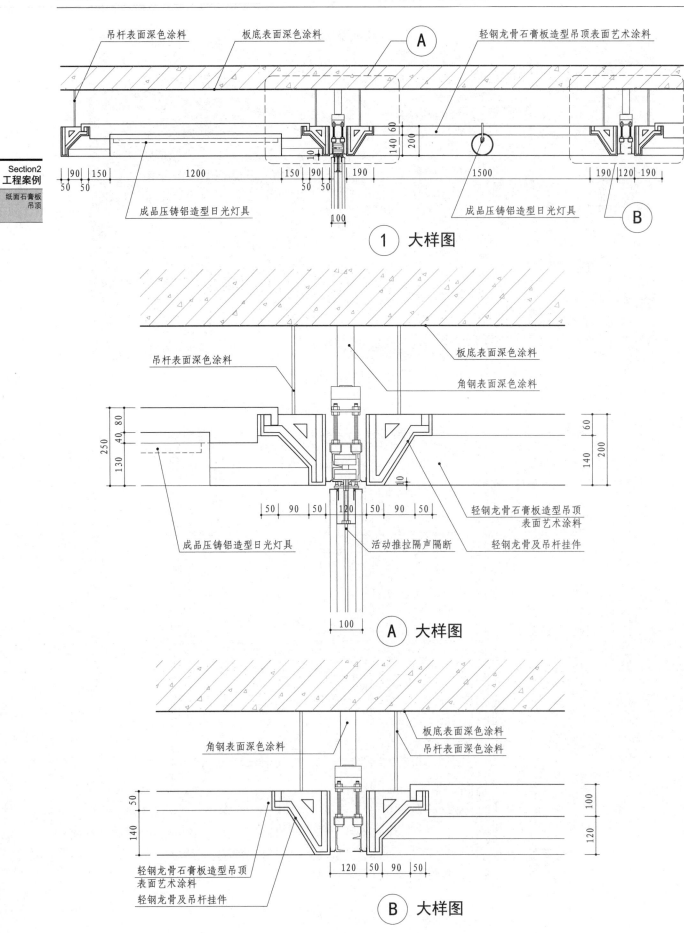

吊杆表面深色涂料　　　板底表面深色涂料　　　Ａ　　　轻钢龙骨石膏板造型吊顶表面艺术涂料

成品压铸铝造型日光灯具　　　成品压铸铝造型日光灯具　　　Ｂ

1 大样图

吊杆表面深色涂料

板底表面深色涂料
角钢表面深色涂料

成品压铸铝造型日光灯具　　　活动推拉隔声隔断　　　轻钢龙骨石膏板造型吊顶表面艺术涂料

轻钢龙骨及吊杆挂件

A 大样图

角钢表面深色涂料

板底表面深色涂料
吊杆表面深色涂料

轻钢龙骨石膏板造型吊顶表面艺术涂料

轻钢龙骨及吊杆挂件

B 大样图

Section2
工程案例

纸面石膏板
吊顶

某会议室吊顶实例照片

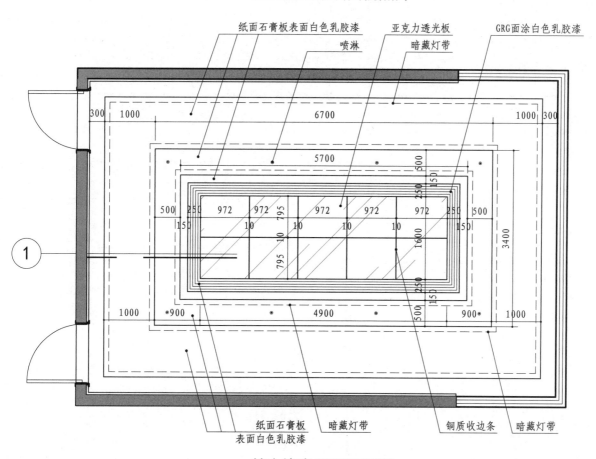

纸面石膏板表面白色乳胶漆　　亚克力透光板　　GRG面涂白色乳胶漆

喷淋　　暗藏灯带

纸面石膏板表面白色乳胶漆　暗藏灯带　　铜质收边条　暗藏灯带

某会议室吊顶平面图

注：当顶面材料燃烧性能等级要求为A级时，乳胶漆均应以无机涂料替代。

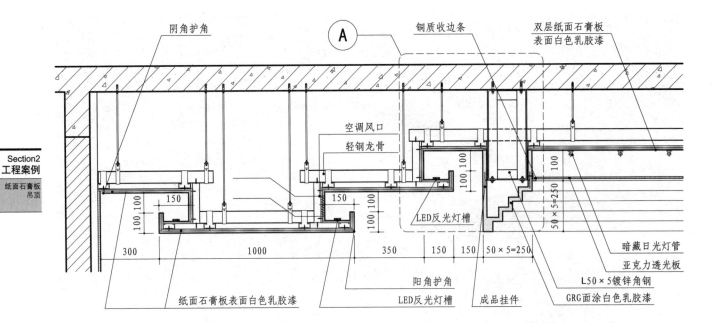

阴角护角　　　　　　　　　　　　Ａ　　　铜质收边条　　双层纸面石膏板
　　　　　　　　　　　　　　　　　　　　　　　　　　　　表面白色乳胶漆

空调风口
轻钢龙骨

LED反光灯槽

150　150　150　50×5＝250

300　　　1000　　　350

暗藏日光灯管
亚克力透光板
L50×5镀锌角钢
GRG面涂白色乳胶漆

纸面石膏板表面白色乳胶漆　　阳角护角
LED反光灯槽　成品挂件

①　大样图

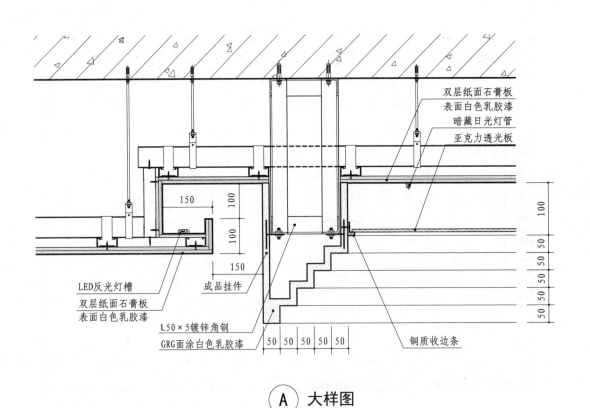

双层纸面石膏板
表面白色乳胶漆
暗藏日光灯管
亚克力透光板

150　100

150

LED反光灯槽
双层纸面石膏板
表面白色乳胶漆
L50×5镀锌角钢
GRG面涂白色乳胶漆　50　50　50　50　50

成品挂件

铜质收边条

Ⓐ　大样图

注：图中白色乳胶漆均为无机涂料。

某餐厅实例照片

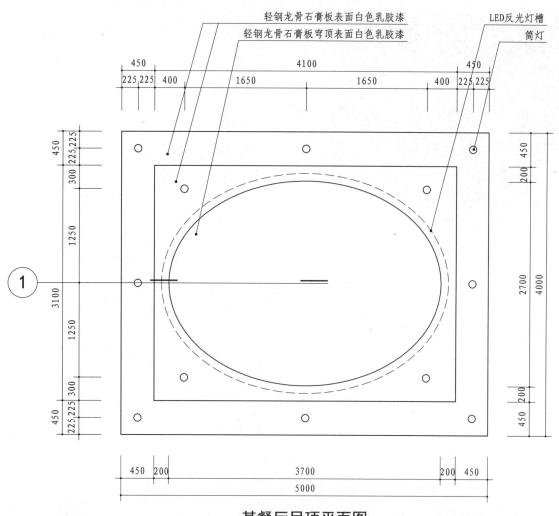

某餐厅吊顶平面图

注：本页根据北新集团建材股份有限公司提供资料编制。
    当顶面材料燃烧性能等级要求为A级时，乳胶漆均应以无机涂料替代。

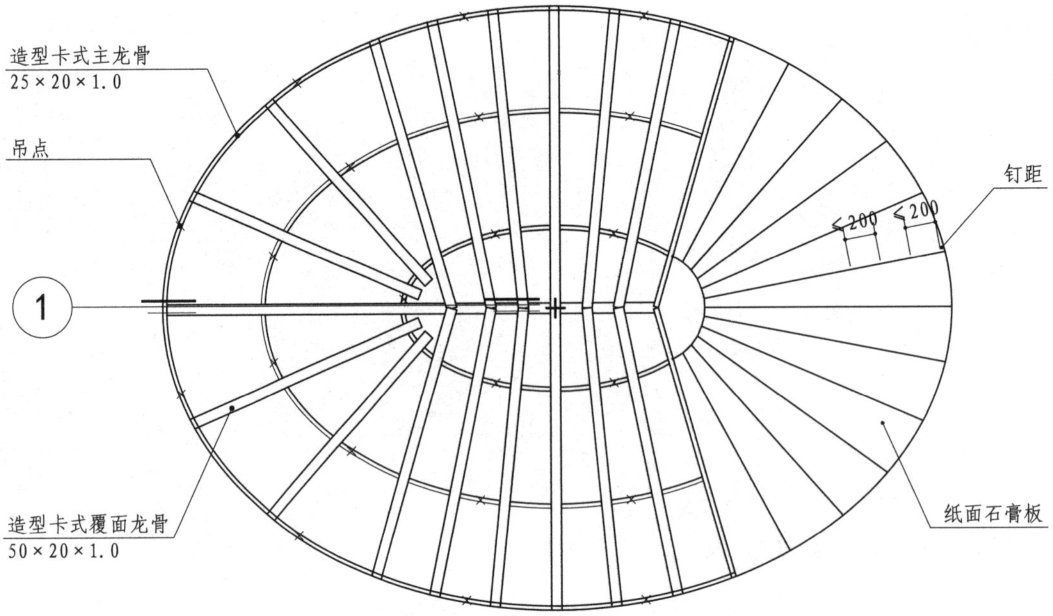

造型卡式主龙骨
25×20×1.0

吊点

钉距

≤200 ≤200

纸面石膏板

造型卡式覆面龙骨
50×20×1.0

穹顶造型部分龙骨排布图

龙骨排布示意图

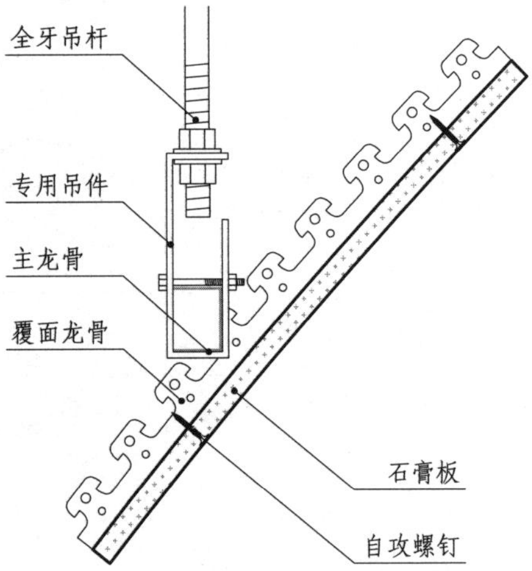

全牙吊杆

专用吊件

主龙骨

覆面龙骨

石膏板

自攻螺钉

Ⓐ **大样图**

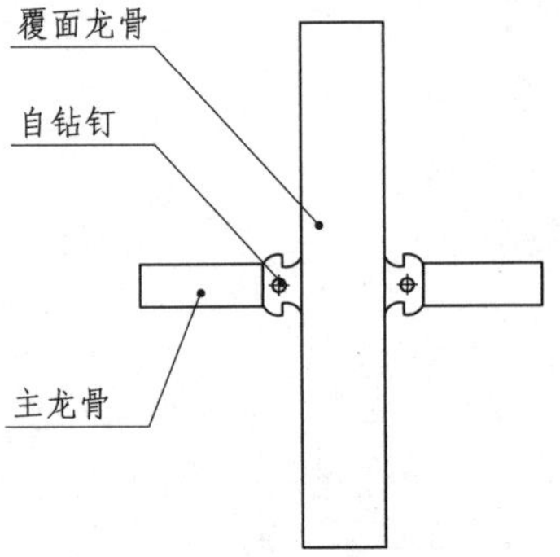

覆面龙骨

自钻钉

主龙骨

主次龙骨连接示意图

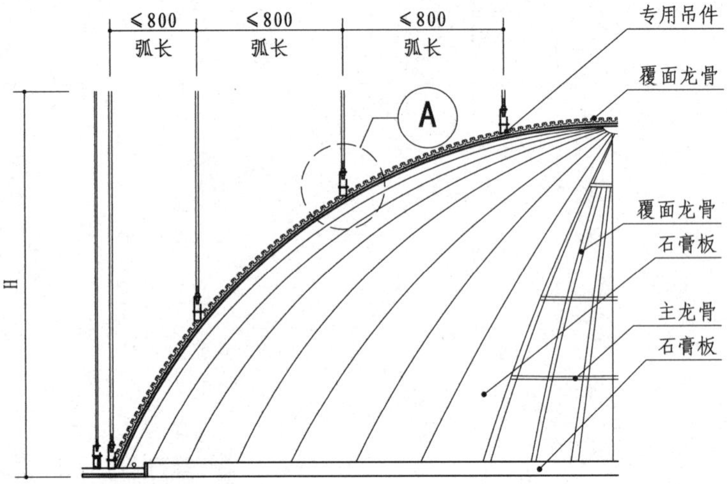

≤800
弧长

≤800
弧长

≤800
弧长

专用吊件

覆面龙骨

Ⓐ

覆面龙骨

石膏板

主龙骨

石膏板

H

① **大样图**

注: 本页根据北新集团建材股份有限公司提供资料编制。
当顶面材料燃烧性能等级要求为A级时,乳胶漆均应以无机涂料替代。

某走廊吊顶实例照片

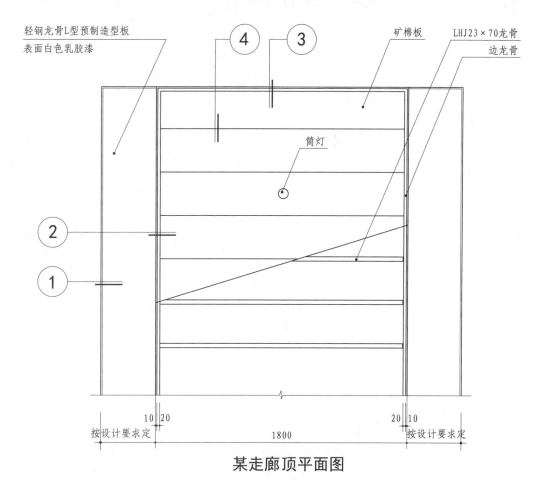

某走廊顶平面图

注：本页根据北新集团建材股份有限公司提供资料编制。
　　当顶面材料燃烧性能等级要求为A级时，乳胶漆均应以无机涂料替代。

Section2
工程案例

纸面石膏板
吊顶

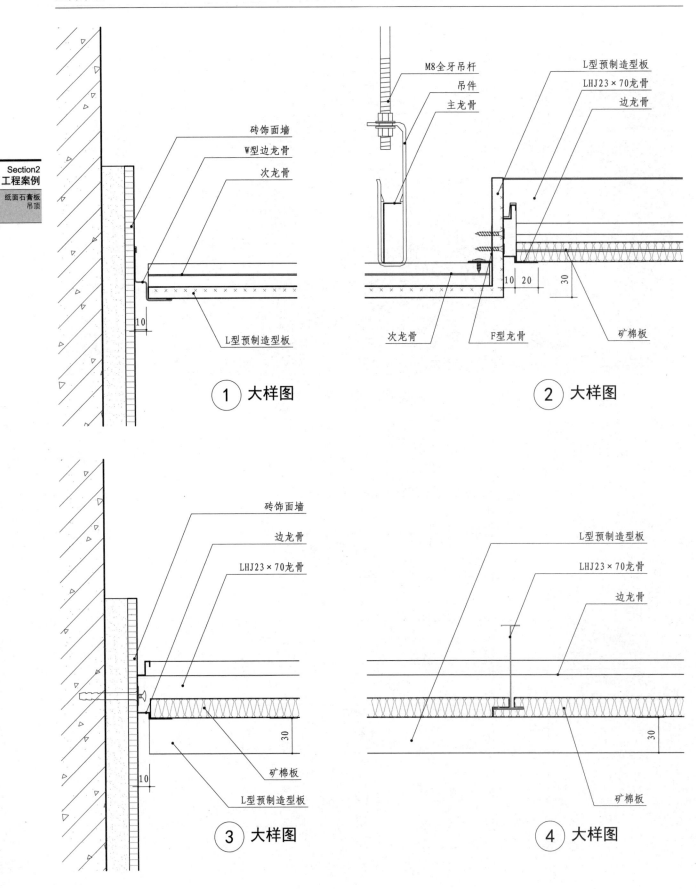

砖饰面墙
W型边龙骨
次龙骨

10

L型预制造型板

① 大样图

M8全牙吊杆
吊件
主龙骨

L型预制造型板
LHJ23×70龙骨
边龙骨

10 20

30

次龙骨   F型龙骨   矿棉板

② 大样图

砖饰面墙
边龙骨
LHJ23×70龙骨

30

10

矿棉板
L型预制造型板

③ 大样图

L型预制造型板
LHJ23×70龙骨
边龙骨

30

矿棉板

④ 大样图

注：本页根据北新集团建材股份有限公司提供资料编制。
当顶面材料燃烧性能等级要求为A级时，乳胶漆均应以无机涂料替代。

某咖啡厅吊顶实例照片

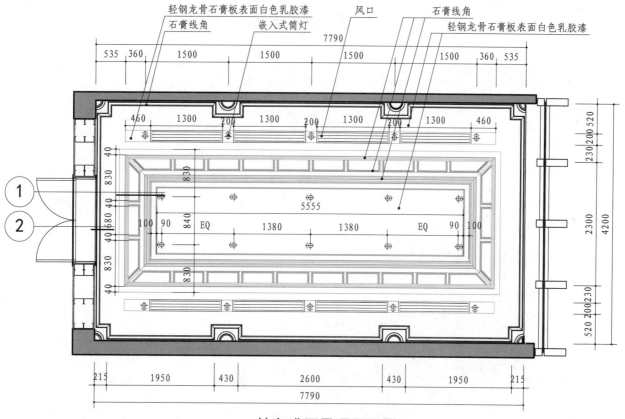

某咖啡厅吊顶平面图

注：当顶面材料燃烧性能等级要求为A级时，乳胶漆均应以无机涂料替代。

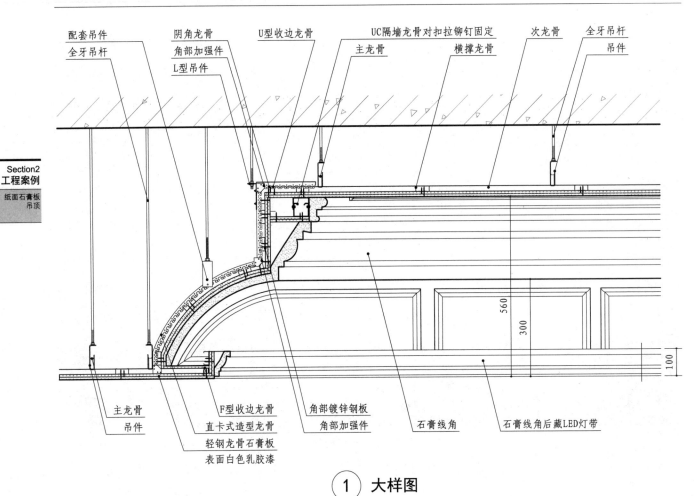

配套吊件　全牙吊杆　阴角龙骨　角部加强件　L型吊件　U型收边龙骨　UC隔墙龙骨对扣拉铆钉固定　主龙骨　横撑龙骨　次龙骨　全牙吊杆　吊件

主龙骨　吊件　F型收边龙骨　直卡式造型龙骨　轻钢龙骨石膏板表面白色乳胶漆　角部镀锌钢板　角部加强件　石膏线角　石膏线角后藏LED灯带

① 大样图

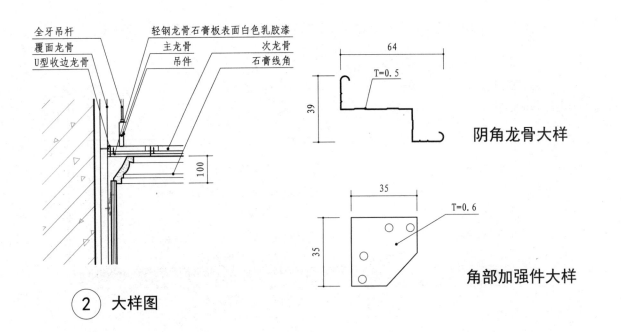

全牙吊杆　覆面龙骨　U型收边龙骨　轻钢龙骨石膏板表面白色乳胶漆　主龙骨　吊件　次龙骨　石膏线角

② 大样图

64
T=0.5
39

阴角龙骨大样

35
T=0.6
35

角部加强件大样

注：本页根据北新集团建材股份有限公司提供资料编制。
　　图中白色乳胶漆均为无机涂料。

走廊吊顶实例照片

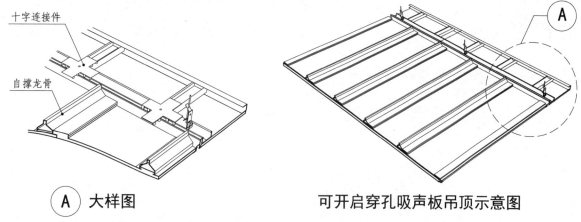

十字连接件

自撑龙骨

Ⓐ

Ⓐ **大样图**

可开启穿孔吸声板吊顶示意图

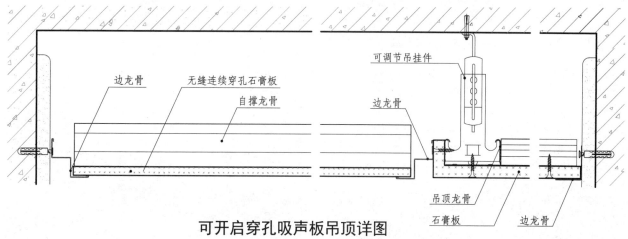

边龙骨　　无缝连续穿孔石膏板

自撑龙骨

可调节吊挂件

边龙骨

吊顶龙骨

石膏板　　边龙骨

可开启穿孔吸声板吊顶详图

注:本页适用于走廊吊顶,穿孔石膏板常用规格为(1200~2400)×400×9.5,可与其他吊顶板材组合使用(此吊顶系统为自撑式结构形式,吊顶板均可开启,便于设备检修)。

室内吊顶

Section2
工程案例

矿棉吸声板
实例

128

某开敞办公室实例照片

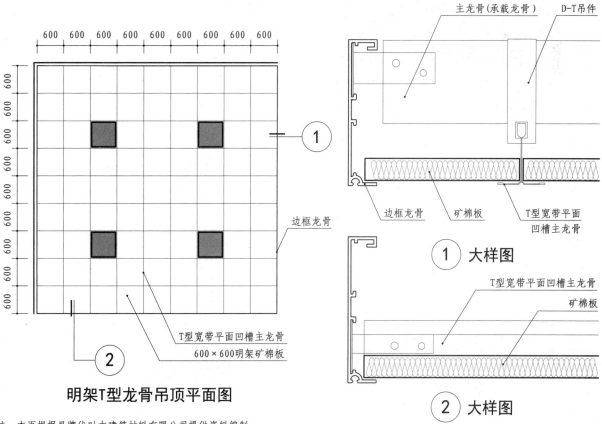

明架T型龙骨吊顶平面图

① 大样图

② 大样图

注：本页根据星牌优时吉建筑材料有限公司提供资料编制。

Section2
工程案例

矿棉吸声板
吊顶

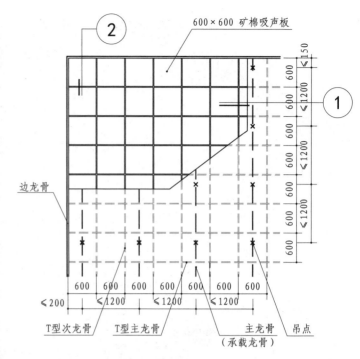

某办公楼办公区顶平面图

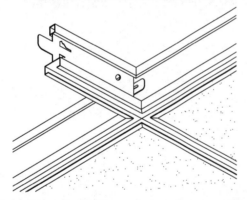

某办公楼办公区实例照片

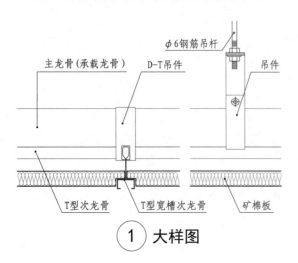

明架T型宽槽主、次龙骨交接示意图

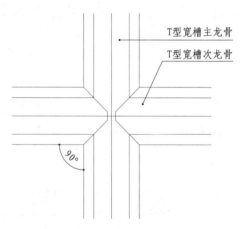

明架T型宽槽主、次龙骨交接平面

（宽槽主次龙骨90°插接，接缝要紧密、垂直）

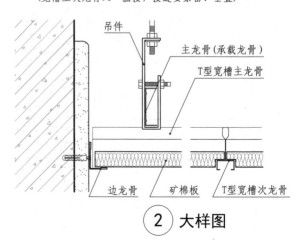

① 大样图

② 大样图

某小剧场实例照片

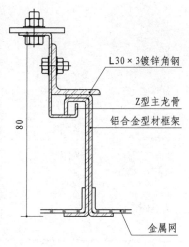

L30×3镀锌角钢

Z型主龙骨

铝合金型材框架

金属网

Ⓐ 大样图

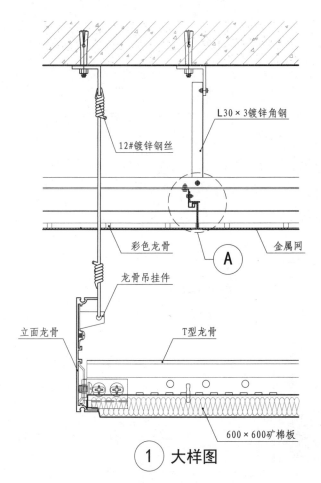

12#镀锌钢丝

L30×3镀锌角钢

彩色龙骨

金属网

Ⓐ

龙骨吊挂件

立面龙骨

T型龙骨

600×600矿棉板

① 大样图

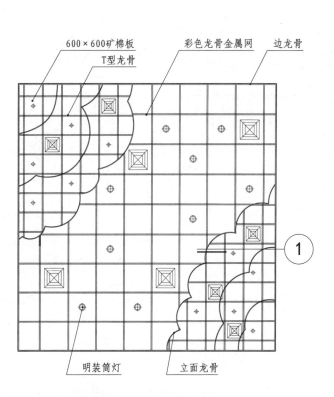

600×600矿棉板

T型龙骨

彩色龙骨金属网

边龙骨

①

明装筒灯

立面龙骨

矿棉板吊顶与金属网组合吊顶平面

注：1. 立面龙骨曲线按设计要求工厂预制加工。
　　2. 本页仅以所示实例照片为例编制，选用者可根据吊顶设计造型选用节点详图。

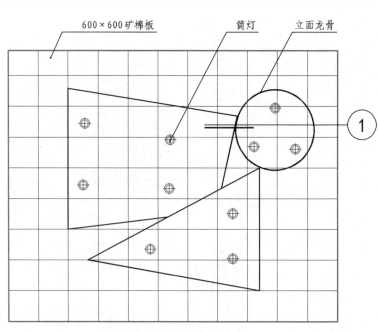

某幼儿园实例照片　　　　明架迭式吊顶平面图

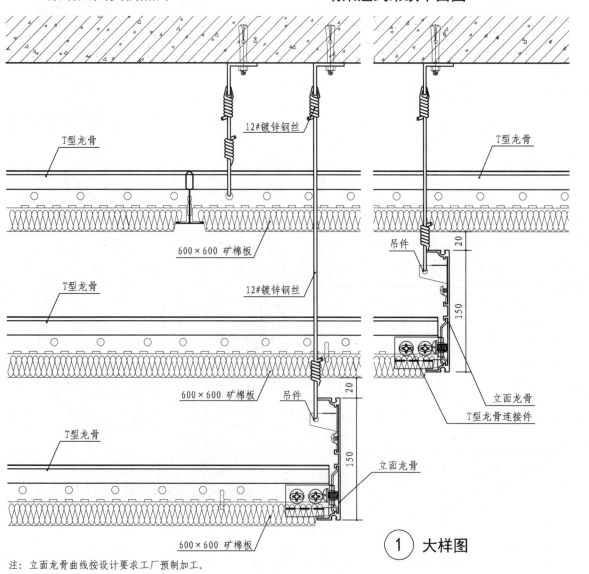

① 大样图

注：立面龙骨曲线按设计要求工厂预制加工。

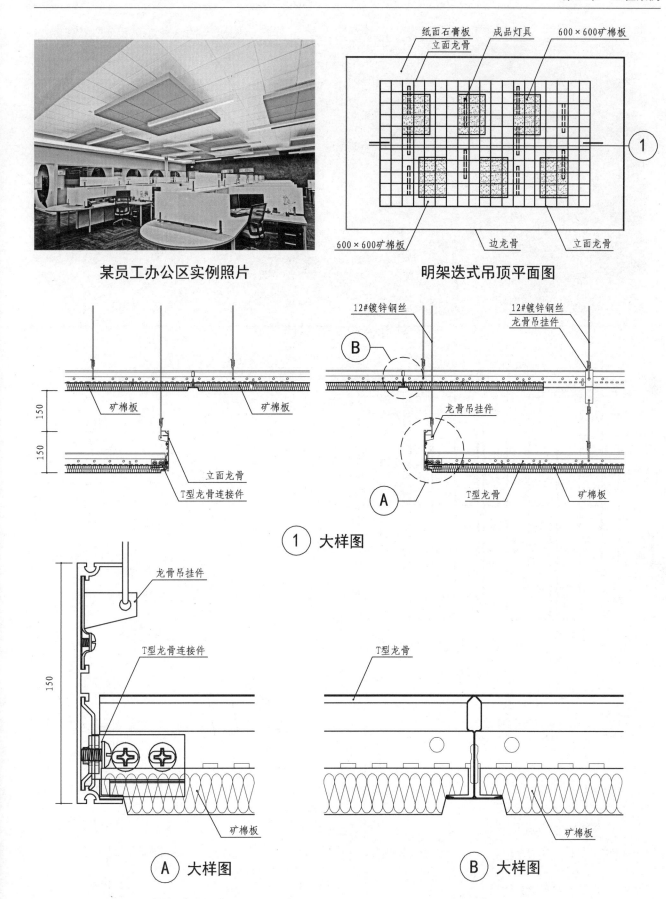

某员工办公区实例照片

明架迭式吊顶平面图

① 大样图

Ⓐ 大样图

Ⓑ 大样图

注：1.灯具应直接吊挂在结构顶板或梁上，不得与吊顶系统相连。
　　2.立面龙骨一般用于吊顶系统的收边或过渡。

某办公室实例照片

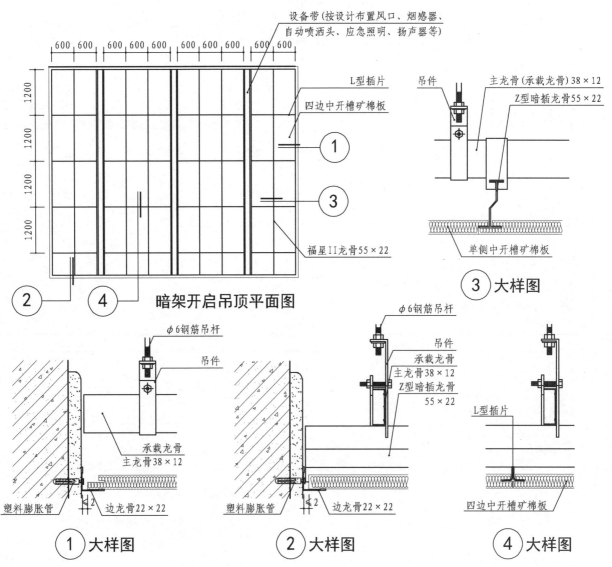

设备带(按设计布置风口、烟感器、
自动喷洒头、应急照明、扬声器等)

L型插片

四边中开槽矿棉板

福星II龙骨55×22

暗架开启吊顶平面图

主龙骨(承载龙骨)38×12

吊件

Z型暗插龙骨55×22

单侧中开槽矿棉板

③ 大样图

φ6钢筋吊杆

吊件

承载龙骨
主龙骨38×12

塑料膨胀管

边龙骨22×22

① 大样图

φ6钢筋吊杆

吊件

承载龙骨
主龙骨38×12
Z型暗插龙骨
55×22

塑料膨胀管

边龙骨22×22

② 大样图

L型插片

四边中开槽矿棉板

④ 大样图

注: 本页根据星牌优时吉建筑材料有限公司提供资料编制。

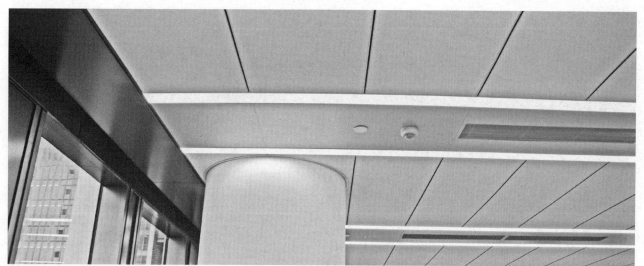

某开敞办公室实例照片

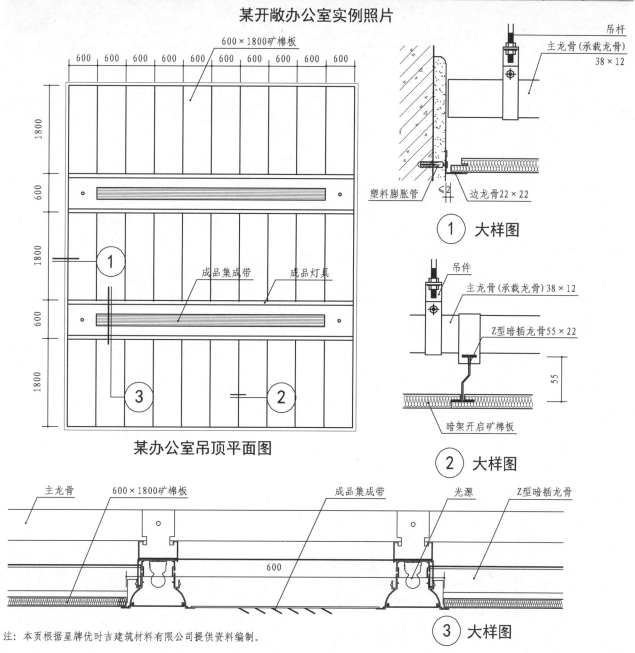

600×1800矿棉板

某办公室吊顶平面图

吊杆

主龙骨(承载龙骨)
38×12

塑料膨胀管　　边龙骨22×22

① 大样图

吊件

主龙骨(承载龙骨)38×12

Z型暗插龙骨55×22

55

暗架开启矿棉板

② 大样图

主龙骨　600×1800矿棉板　　成品集成带　光源　Z型暗插龙骨

600

③ 大样图

注：本页根据星牌优时吉建筑材料有限公司提供资料编制。

某办公室实例照片

T型龙骨　喷淋　插片　方钢　暗架矿棉板
明露管线示意

H型龙骨

吊顶安装示意图

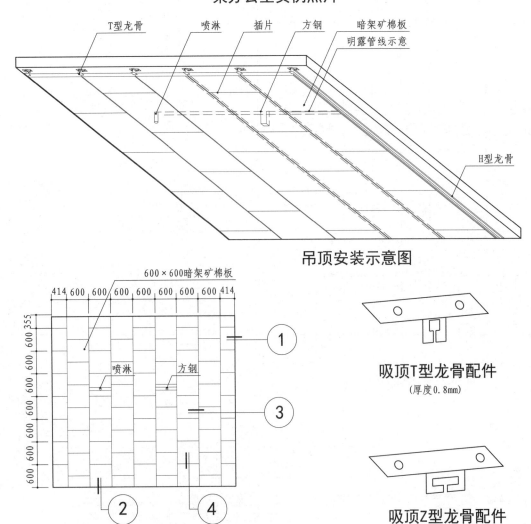

600×600暗架矿棉板

414 600 600 600 600 600 600 600 414

355

600 600 600 600 600 600 600

喷淋　方钢

① ③

② ④

某办公室吊顶平面图

吸顶T型龙骨配件
(厚度0.8mm)

吸顶Z型龙骨配件
(厚度0.8mm)

注：本页根据星牌优时吉建筑材料有限公司提供资料编制。

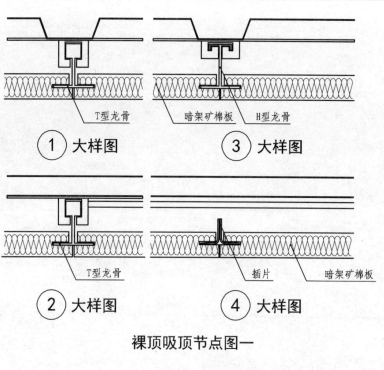

裸顶吸顶节点图一

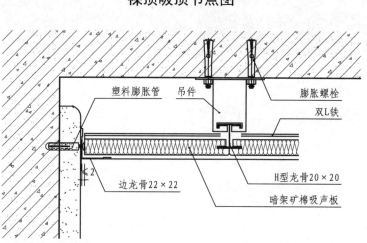

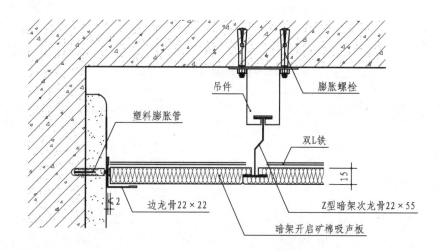

注: 1. 本页为暗架不上人吊顶详图,采用龙骨为暗架龙骨。
   2. 本图所示吸顶式,可由设计根据室内空间高度选定。
   3. 本页仅以15mm厚矿棉吸声板为例进行编制。

裸顶吸顶节点图二
(在空间条件允许情况下使用)

某图书馆预览区实例照片

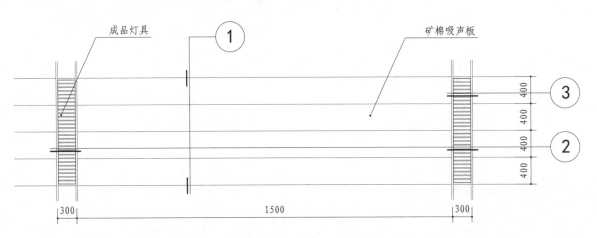

条形矿棉板吊顶平面图

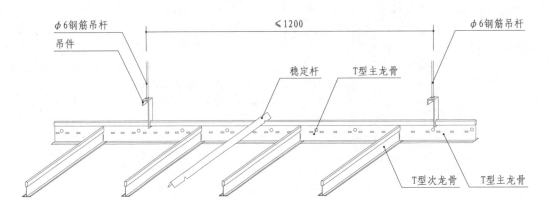

暗架开启式T型龙骨条形板吊顶示意图

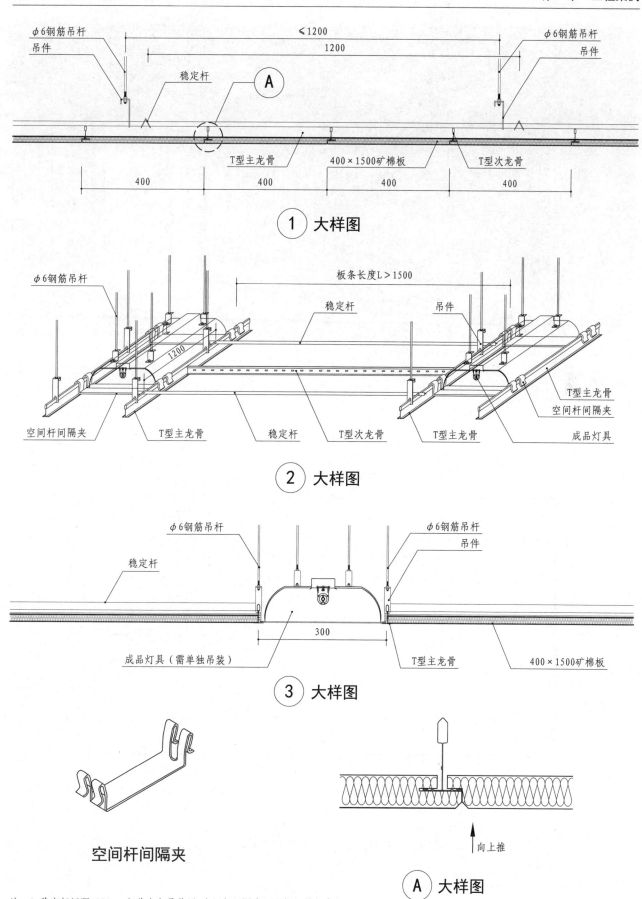

① 大样图

② 大样图

③ 大样图

空间杆间隔夹

Ⓐ 大样图

注：1.稳定杆间距1200mm,起稳定龙骨作用,空间杆间隔夹间距视灯具长度定。
　　2.灯具安装应直接吊挂在结构顶板或梁上,不得与吊顶系统相连。

某办公室实例照片

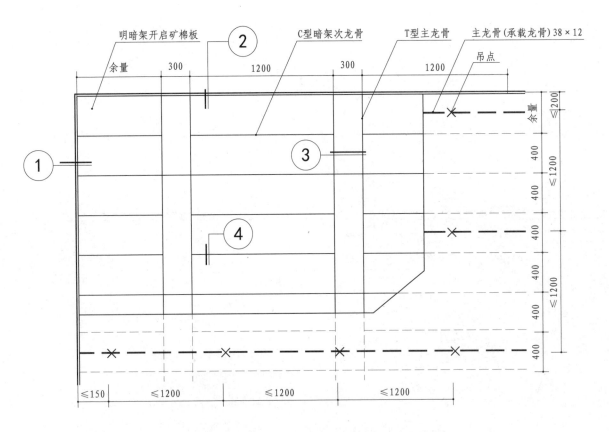

明暗架系统（含设备带）吊顶平面图

注：本页根据星牌优时吉建筑材料有限公司提供资料编制。

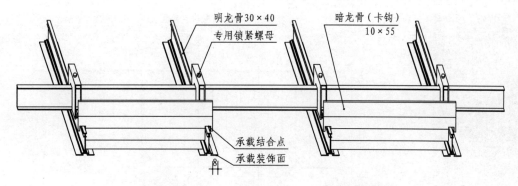

明暗架系统（含设备带）吊顶示意图

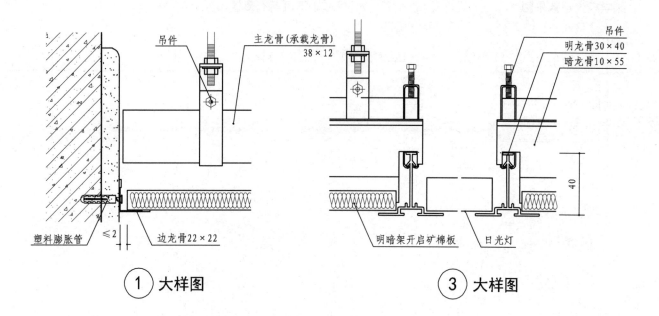

① 大样图

③ 大样图

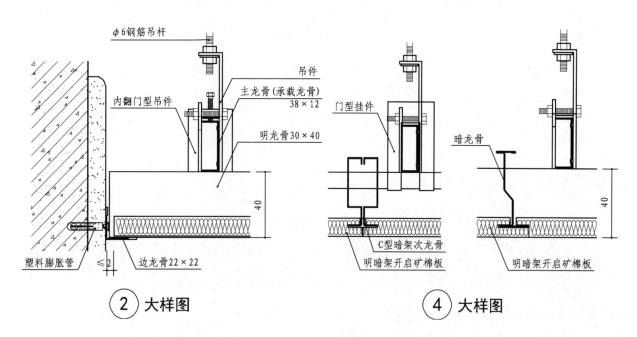

② 大样图

④ 大样图

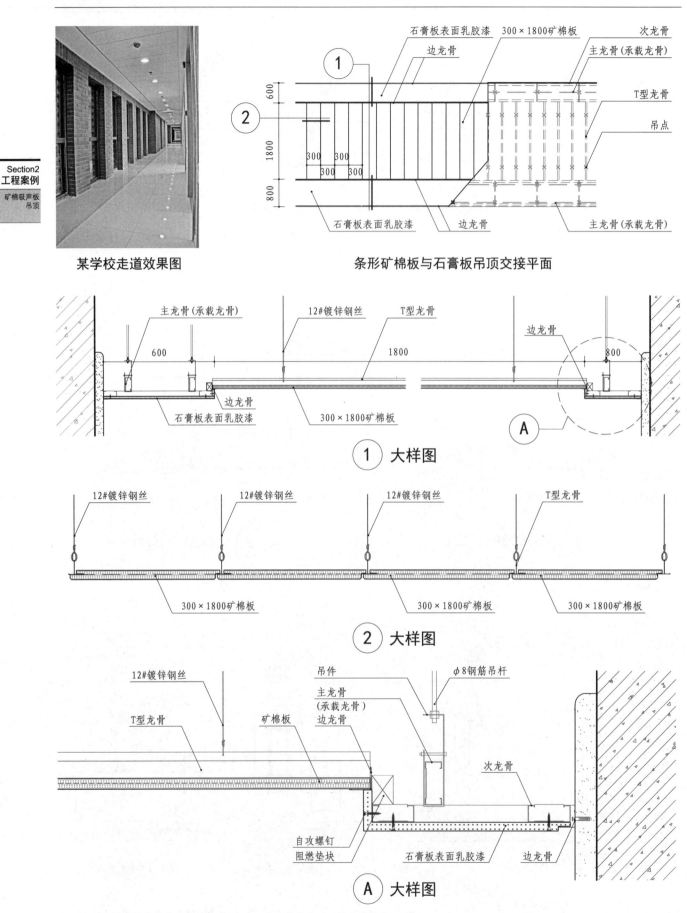

Section2
工程案例

矿棉吸声板
吊顶

某学校走道效果图

条形矿棉板与石膏板吊顶交接平面

① 大样图

② 大样图

Ⓐ 大样图

注：当顶面材料燃烧性能等级要求为A级时，乳胶漆均应以无机涂料替代。

某餐厅实例照片

悬浮式玻璃纤维吸声板　筒灯　　　　下层专用主龙骨根据　　　上层专用主龙骨　下层专用主龙骨根据
现场调解弯曲曲度　　　　　　　　　　现场调解弯曲曲度

634
634
634
220
2438
2438　　　2438　　　2438
2438
200
634　634

某餐厅吊顶平面图

Section2
工程案例

玻璃纤维
吸声板吊顶

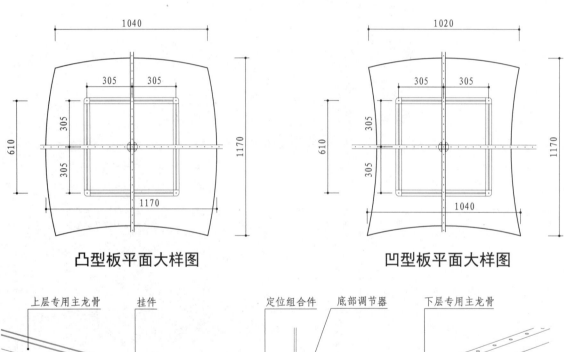

挂件　上层专用 凹形板　凹形板　吊杆　挂件　凹形板　上层专用　下层专用　专用铝框架 凸形板
　　　 主龙骨　　　　　　　　　　　　　　　　 主龙骨　　 主龙骨

悬浮式玻璃纤维吸声板吊顶示意图

1040

305　305

610　　305　　1170

1170

凸型板平面大样图

1020

305　305

610　　305　　1170

1040

凹型板平面大样图

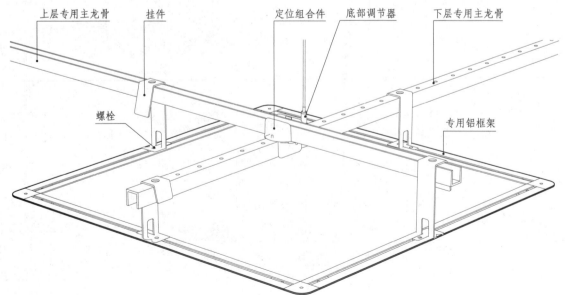

上层专用主龙骨　　挂件　　　　　　定位组合件　底部调节器　下层专用主龙骨

螺栓

专用铝框架

龙骨系统示意图

Section2
工程案例
玻璃纤维
吸声板吊顶

某音乐教室实例照片

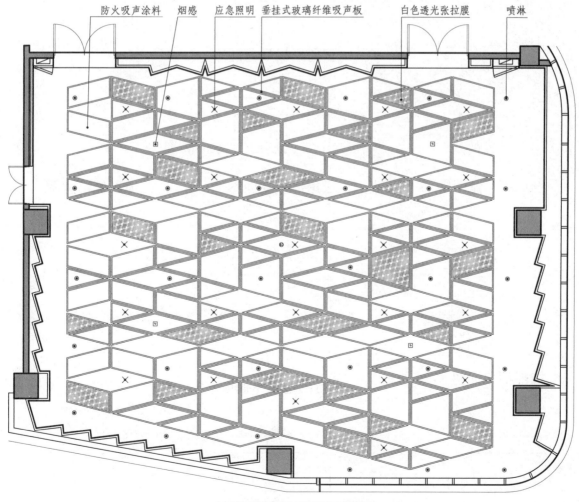

防火吸声涂料　烟感　应急照明　垂挂式玻璃纤维吸声板　白色透光张拉膜　喷淋

某音乐教室吊顶平面图

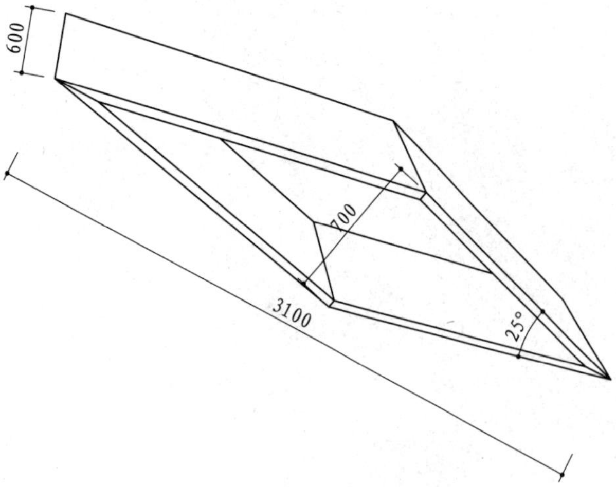

菱形板示意图

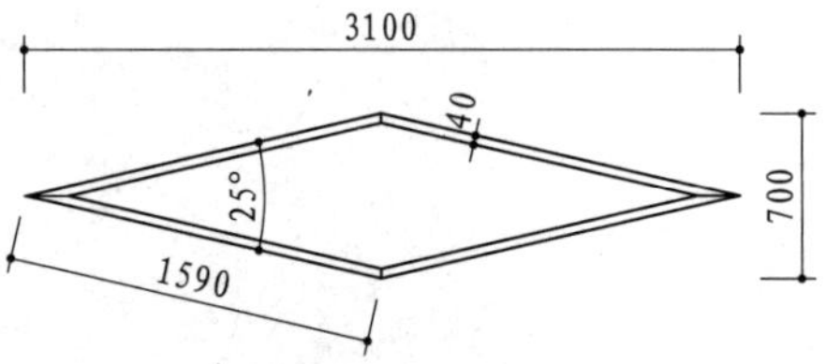

菱形板平面图

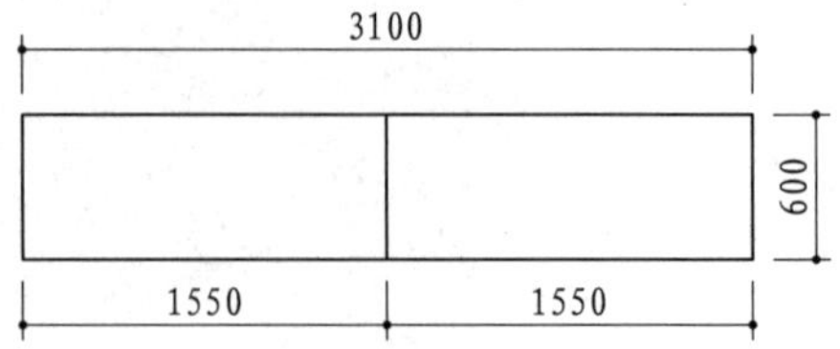

菱形板立面图

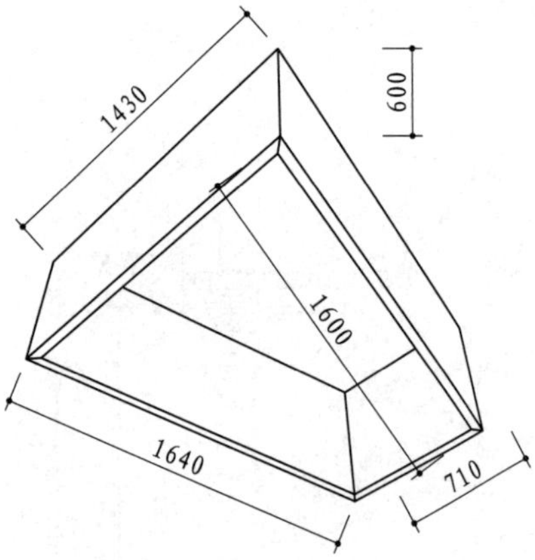

梯形板示意图

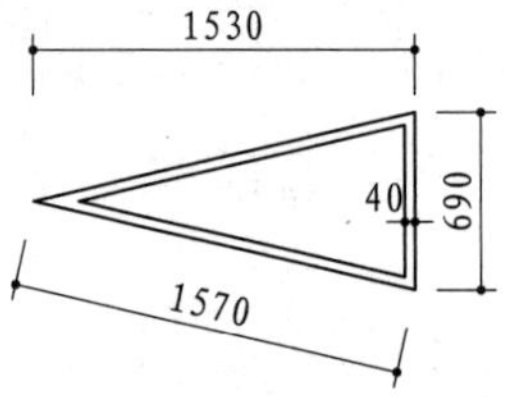

三角形板平面图

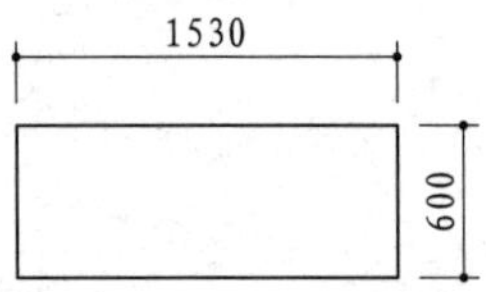

三角形板立面图

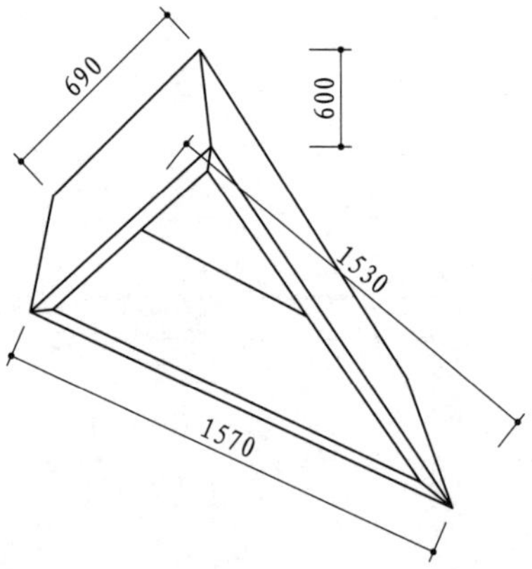

三角形板示意图

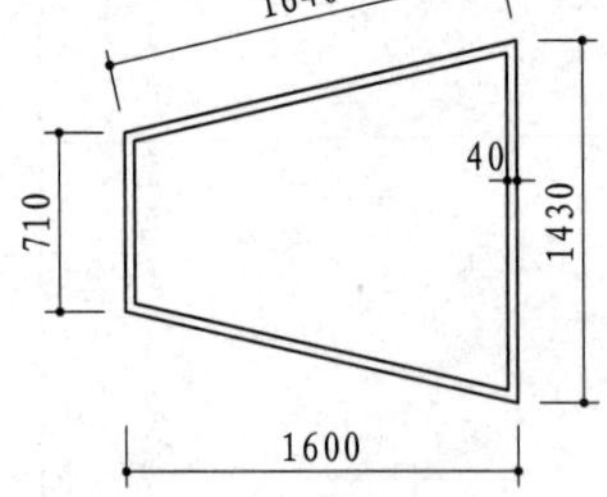

梯形板平面图

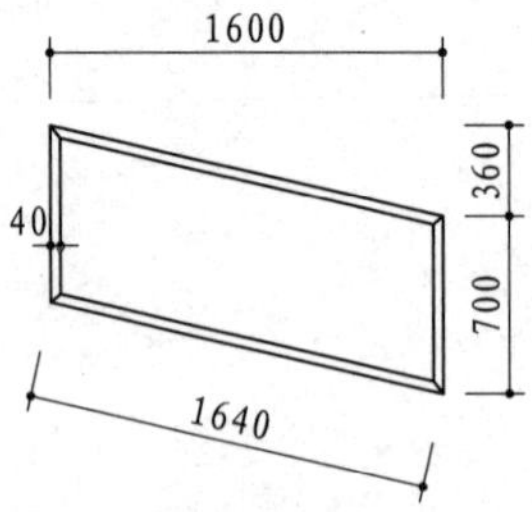

平行四边板平面图

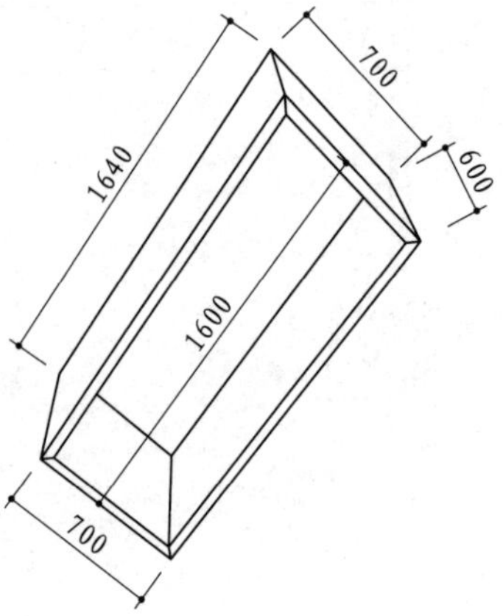

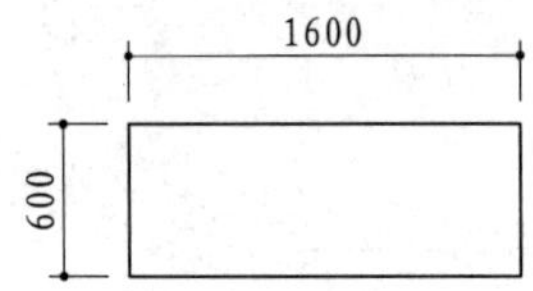

平行四边形板示意图

梯形板立面图

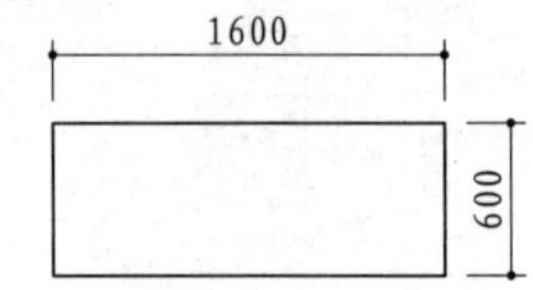

平行四边板立面图

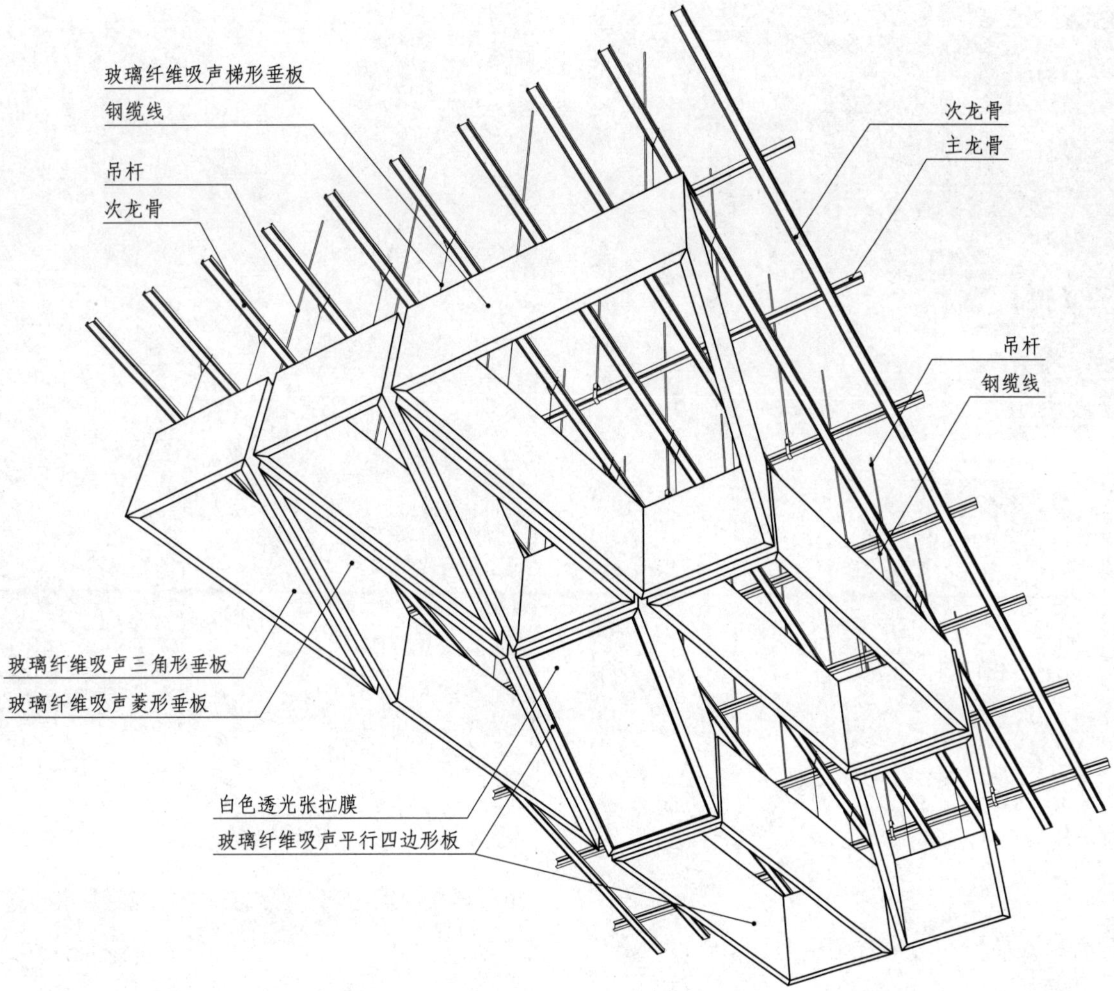

玻璃纤维吸声梯形垂板
钢缆线
吊杆
次龙骨

次龙骨
主龙骨

吊杆
钢缆线

玻璃纤维吸声三角形垂板
玻璃纤维吸声菱形垂板

白色透光张拉膜
玻璃纤维吸声平行四边形板

安装示意图

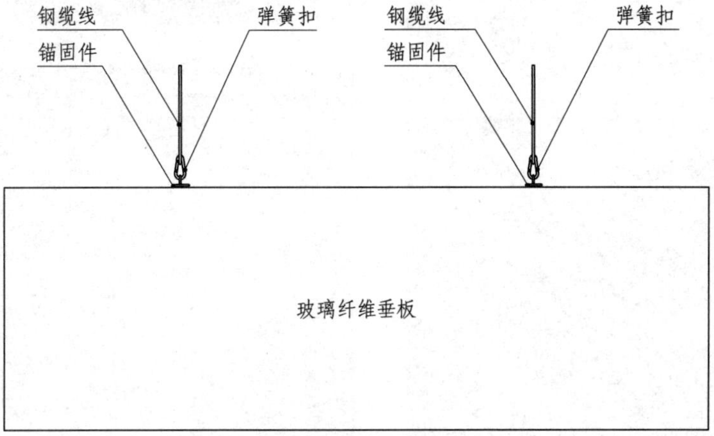

钢缆线
锚固件
弹簧扣
钢缆线
锚固件
弹簧扣

玻璃纤维垂板

玻璃纤维垂板立面示意图

149

Section2
工程案例

金属板（网）
吊顶实例

金属圆管吊顶实例照片

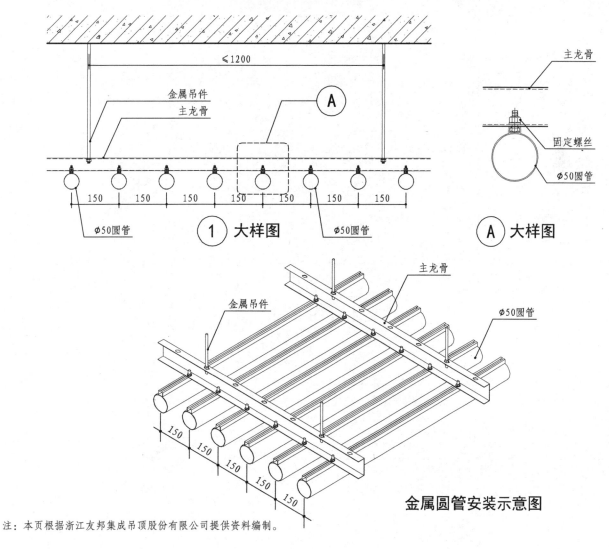

主龙骨

金属吊件

主龙骨

≤1200

A

金属吊件

主龙骨

固定螺丝

φ50圆管

φ50圆管

150　150　150　150　150　150　150

φ50圆管

φ50圆管

① 大样图

Ⓐ 大样图

150　150　150　150　150　150

金属圆管安装示意图

注：本页根据浙江友邦集成吊顶股份有限公司提供资料编制。

151

某电影院实例照片

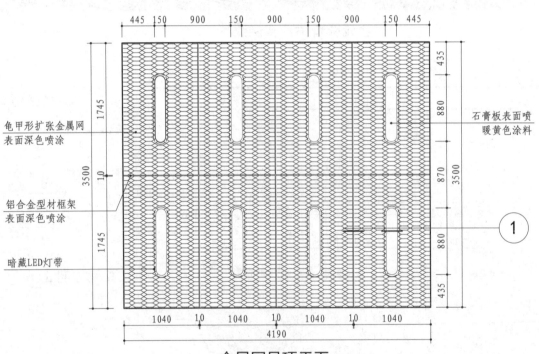

龟甲形扩张金属网
表面深色喷涂

铝合金型材框架
表面深色喷涂

暗藏LED灯带

石膏板表面喷
暖黄色涂料

①

金属网吊顶平面

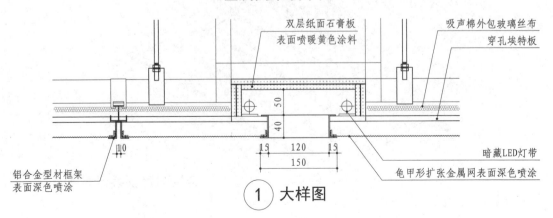

双层纸面石膏板
表面喷暖黄色涂料

吸声棉外包玻璃丝布

穿孔埃特板

暗藏LED灯带

铝合金型材框架
表面深色喷涂

龟甲形扩张金属网表面深色喷涂

① 大样图

某阅览室实例照片

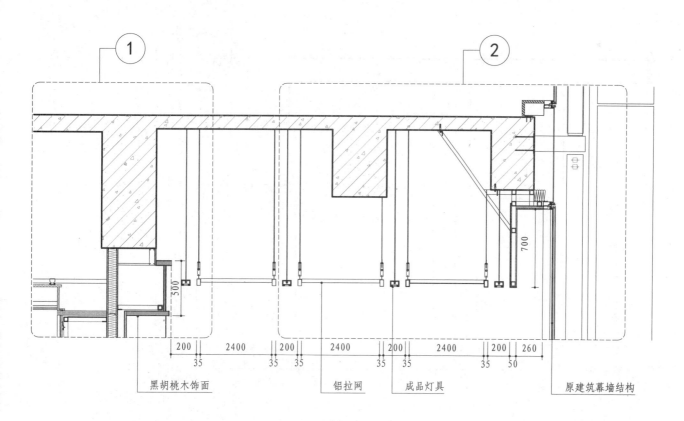

黑胡桃木饰面　　　　　铝拉网　　成品灯具　　　　　原建筑幕墙结构

金属网吊顶剖面详图

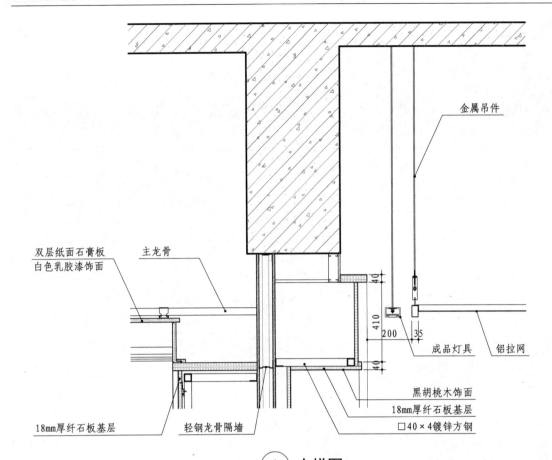

双层纸面石膏板
白色乳胶漆饰面

主龙骨

金属吊件

40

410

200 35

成品灯具

铝拉网

黑胡桃木饰面

18mm厚纤石板基层

□40×4镀锌方钢

40

18mm厚纤石板基层

轻钢龙骨隔墙

① 大样图

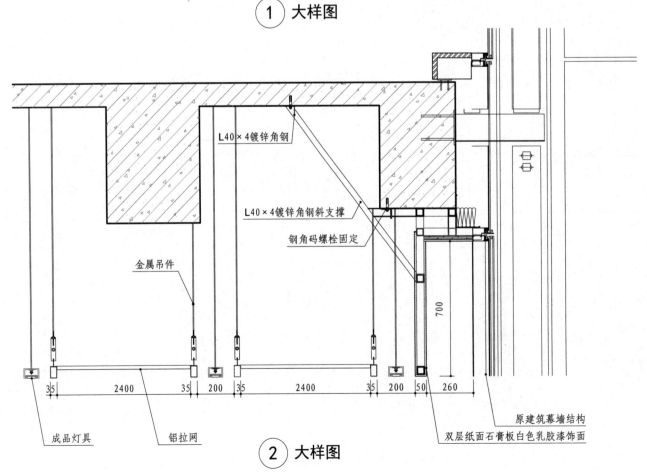

L40×4镀锌角钢

L40×4镀锌角钢斜支撑

钢角码螺栓固定

700

金属吊件

35 | 2400 | 35 | 200 | 35 | 2400 | 35 | 200 | 50 | 260

原建筑幕墙结构

双层纸面石膏板白色乳胶漆饰面

成品灯具

铝拉网

② 大样图

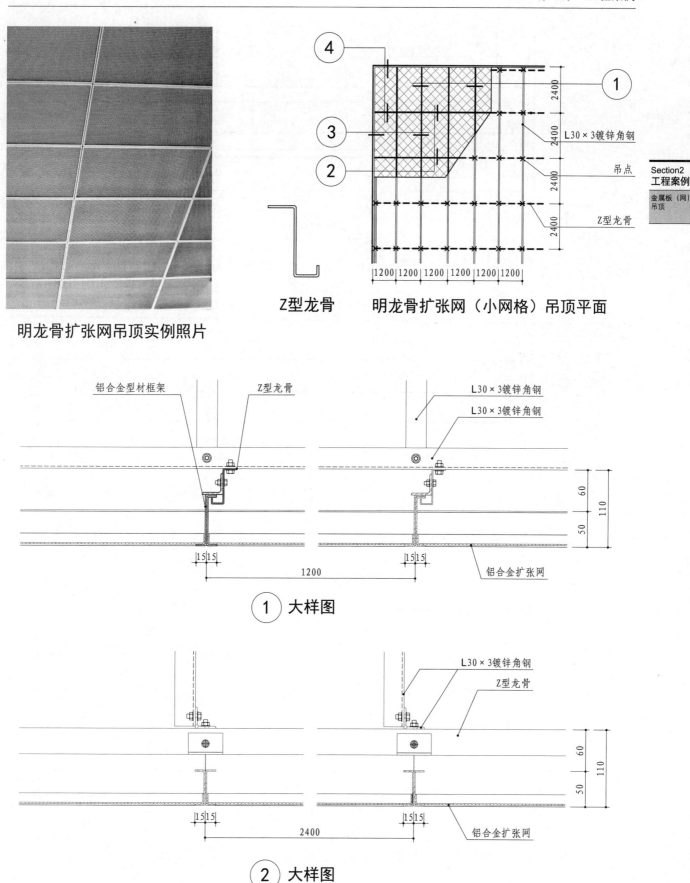

Z型龙骨

明龙骨扩张网吊顶实例照片

明龙骨扩张网（小网格）吊顶平面

铝合金型材框架   Z型龙骨

L30×3镀锌角钢
L30×3镀锌角钢

铝合金扩张网

① 大样图

L30×3镀锌角钢
Z型龙骨

铝合金扩张网

② 大样图

注：本页所示吊顶系列龙骨均为配套成品，其规格以厂家配套产品为准。

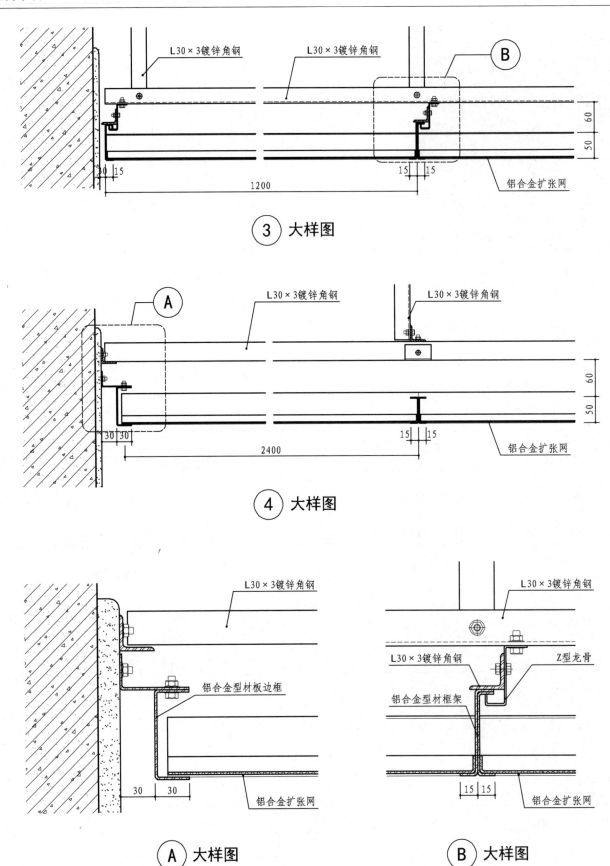

L30×3镀锌角钢　　L30×3镀锌角钢　　Ⓑ

60
50

铝合金扩张网

15　15

30　15

1200

③ 大样图

Ⓐ　　L30×3镀锌角钢　　L30×3镀锌角钢

60
50

30　30

2400

15　15

铝合金扩张网

④ 大样图

L30×3镀锌角钢

铝合金型材板边框

30　30

铝合金扩张网

Ⓐ 大样图

L30×3镀锌角钢

L30×3镀锌角钢　　Z型龙骨

铝合金型材框架

15　15

铝合金扩张网

Ⓑ 大样图

注：本页所示吊顶系列龙骨均为配套成品，其规格以厂家配套产品为准。

156

某办公走廊实例照片

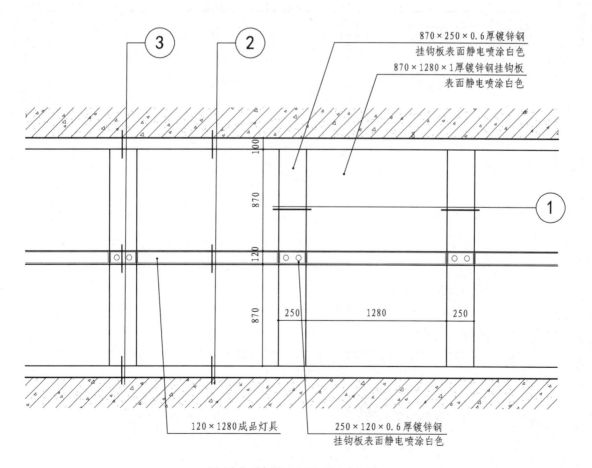

镀锌钢挂钩板吊顶平面图

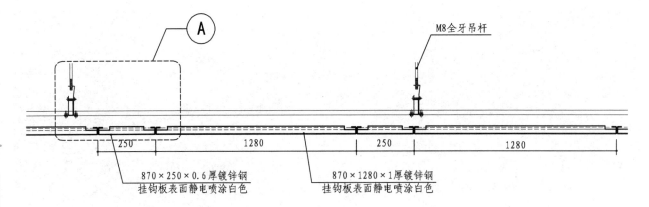

M8全牙吊杆

250　1280　250　1280

870×250×0.6厚镀锌钢
挂钩板表面静电喷涂白色

870×1280×1厚镀锌钢
挂钩板表面静电喷涂白色

① 大样图

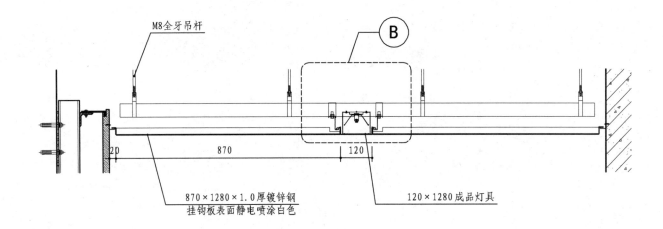

M8全牙吊杆

B

20　870　120

870×1280×1.0厚镀锌钢
挂钩板表面静电喷涂白色

120×1280成品灯具

② 大样图

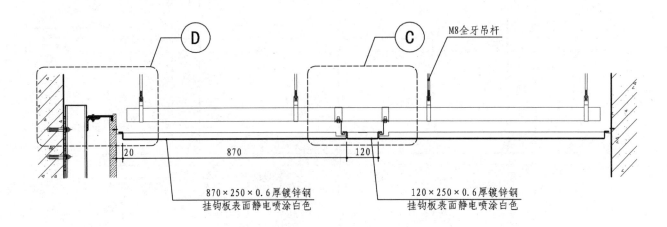

D　C　M8全牙吊杆

20　870　120

870×250×0.6厚镀锌钢
挂钩板表面静电喷涂白色

120×250×0.6厚镀锌钢
挂钩板表面静电喷涂白色

③ 大样图

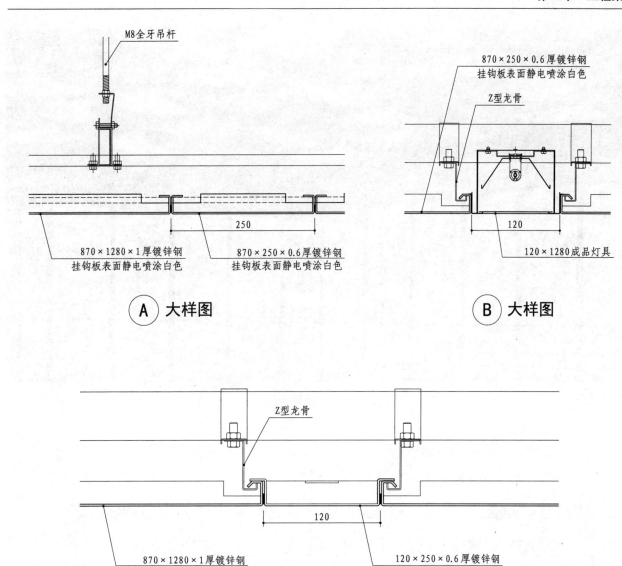

M8全牙吊杆

250

870×1280×1厚镀锌钢
挂钩板表面静电喷涂白色

870×250×0.6厚镀锌钢
挂钩板表面静电喷涂白色

A 大样图

870×250×0.6厚镀锌钢
挂钩板表面静电喷涂白色

Z型龙骨

120

120×1280成品灯具

B 大样图

Section2
工程案例

金属板（网）
吊顶

Z型龙骨

120

870×1280×1厚镀锌钢
挂钩板表面静电喷涂白色

120×250×0.6厚镀锌钢
挂钩板表面静电喷涂白色

C 大样图

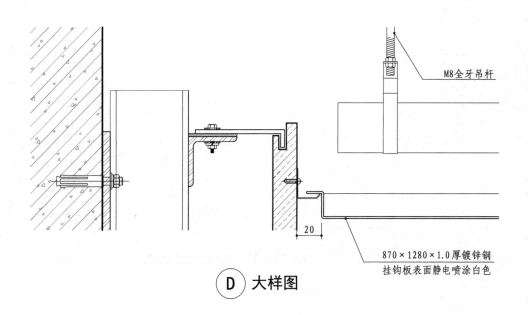

M8全牙吊杆

20

870×1280×1.0厚镀锌钢
挂钩板表面静电喷涂白色

D 大样图

某VIP休息室实例照片

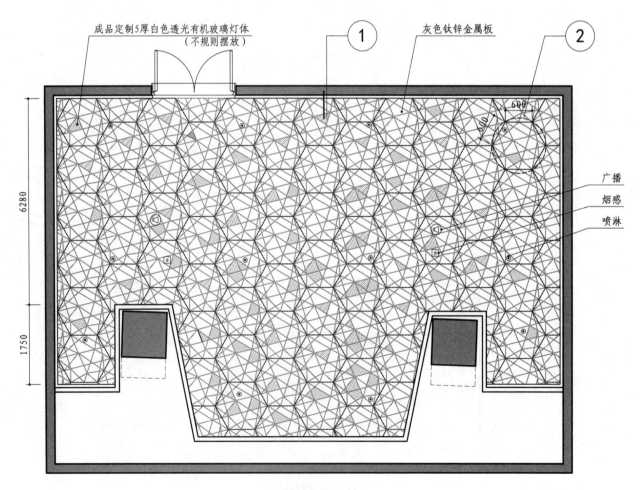

成品定制5厚白色透光有机玻璃灯体
（不规则摆放）

灰色钛锌金属板

① ②

600
600

广播
烟感
喷淋

6280

1750

金属板吊顶平面

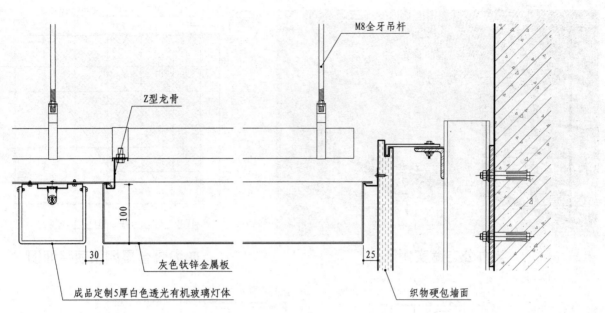

M8全牙吊杆

Z型龙骨

100

30

灰色钛锌金属板

成品定制5厚白色透光有机玻璃灯体

25

织物硬包墙面

① 大样图

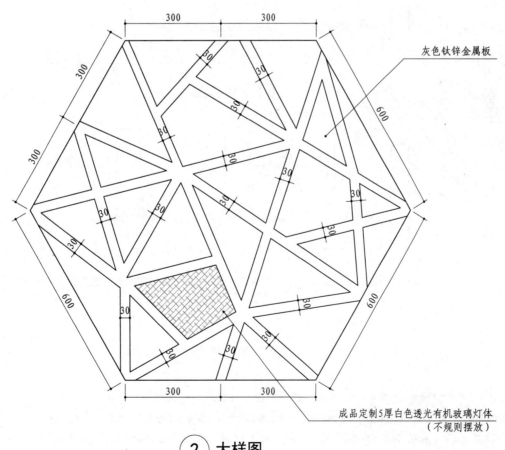

300 300

300

300

灰色钛锌金属板

600

30

30

30

30

30

30

30

30

30

30

30

600

30

30

600

300 300

成品定制5厚白色透光有机玻璃灯体
（不规则摆放）

② 大样图

161

某办公走道实例照片

暗龙骨金属网吊顶平面图

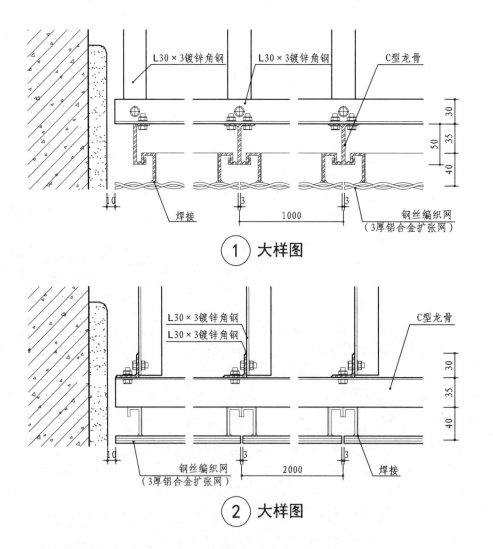

① 大样图

② 大样图

注：1. 本页所示吊顶系列龙骨均为配套成品，其规格以厂家配套产品为准。

2. 装饰用金属扩张(编织)网近年多用于室内空间的吊顶工程，主要分为钢质和合金质金属拉伸扩张网及编织网两种，表面可处理为静电粉末喷涂、阳极氧化、丙烯酸处理等形式，适用于开敞的大空间，但多为固定式板块。金属扩张(编织)网造型简练，拆装方便，也便于对吊顶内的设备进行检修，并且具有不易变形的特性和耐腐蚀性，避免了常规吊顶存在的一些缺陷。金属扩张(编织)网燃烧性能等级为A级。

某办公门厅实例照片

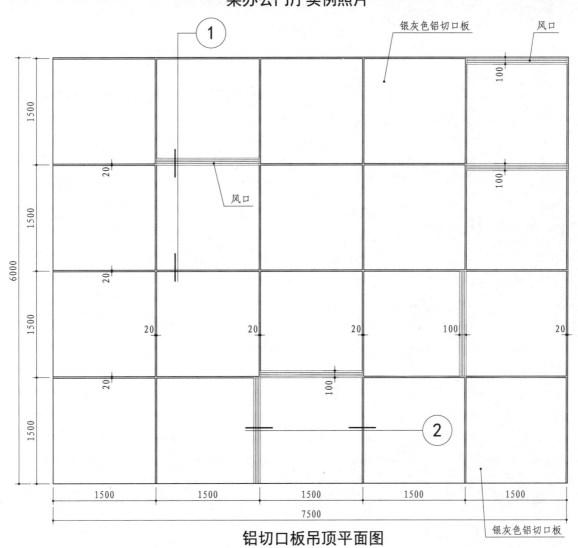

铝切口板吊顶平面图

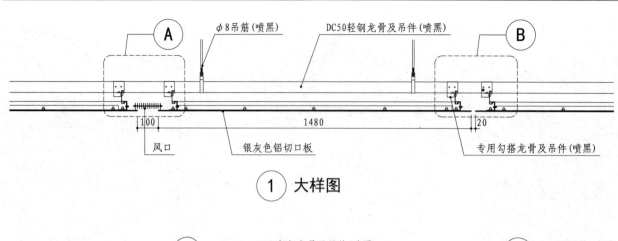

① 大样图

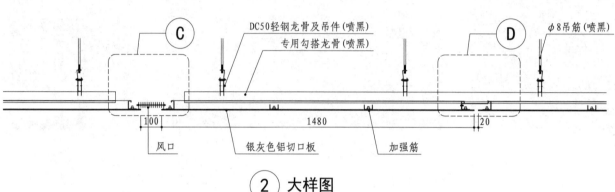

② 大样图

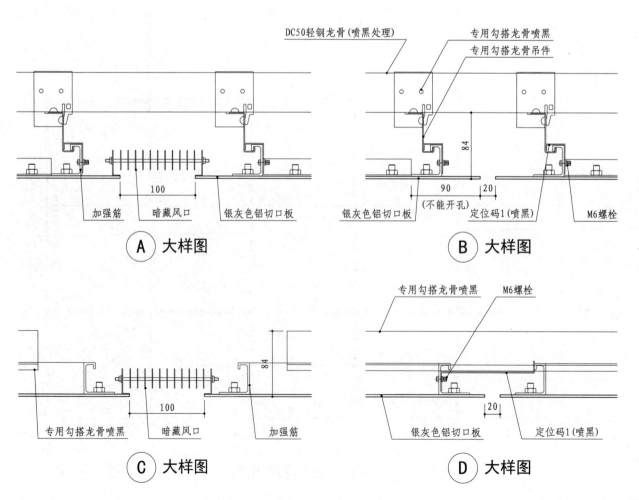

Ⓐ 大样图

Ⓑ 大样图

Ⓒ 大样图

Ⓓ 大样图

某会议室实例照片

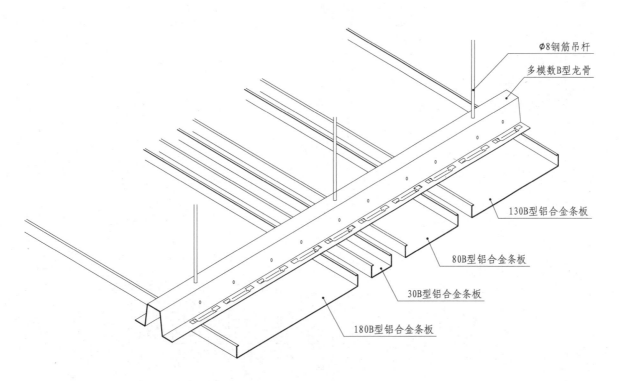

多模数B型铝合金条板安装示意图

某会议室前厅实例照片

200×200网格定位图

金属挂片

① 大样图 注：安装高度由设计定。

挂片主龙骨
挂片次龙骨
三爪钩
弹簧卡

吊杆
吊件
承载主龙骨

金属挂片
挂片大龙骨连接件（延长件）

挂片的形式及规格

规格(mm)		
	间距（M）	宽度（B）	高度（H）
1	75	75	150
2	75	75	200

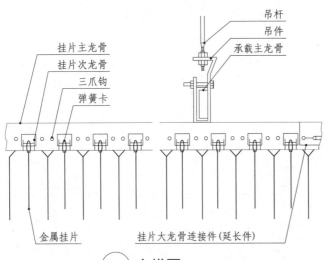

金属挂片安装示意图

金属穿孔板（含设备带）吊顶实例照片

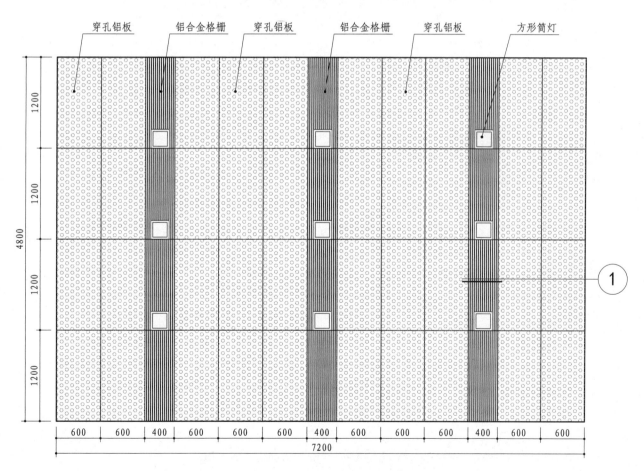

穿孔铝板（含设备带）吊顶平面图

注：本页根据浙江友邦集成吊顶股份有限公司提供资料编制。

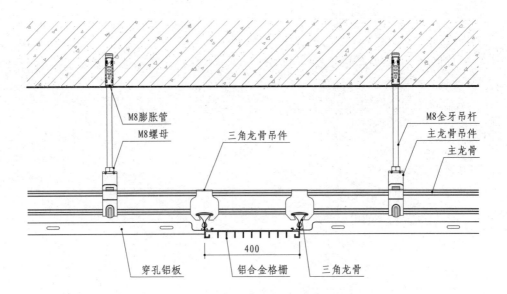

M8膨胀管
M8螺母
三角龙骨吊件
M8全牙吊杆
主龙骨吊件
主龙骨

400

穿孔铝板
铝合金格栅
三角龙骨

① 大样图

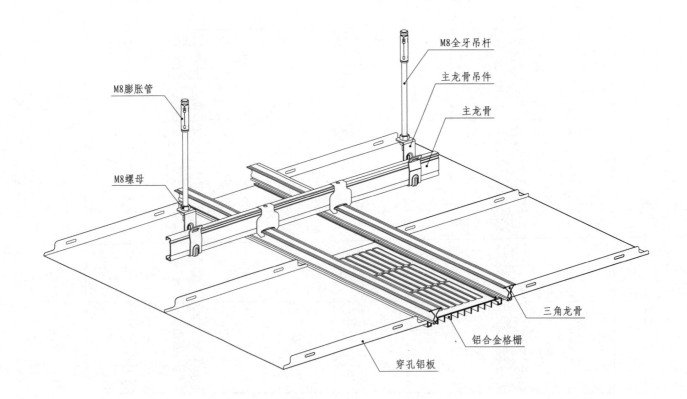

M8全牙吊杆
主龙骨吊件
主龙骨
M8膨胀管
M8螺母
三角龙骨
铝合金格栅
穿孔铝板

金属穿孔板(含设备带)安装示意图

注：本页根据浙江友邦集成吊顶股份有限公司提供资料编制。

某展厅实例照片

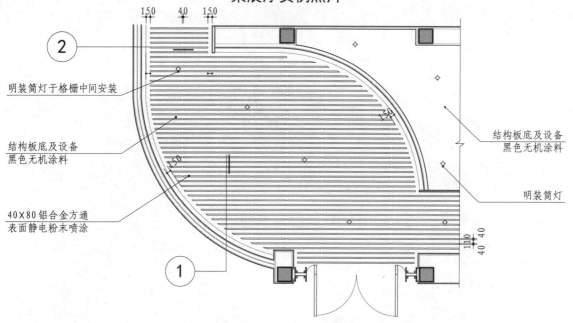

明装筒灯于格栅中间安装

结构板底及设备
黑色无机涂料

40×80铝合金方通
表面静电粉末喷涂

结构板底及设备
黑色无机涂料

明装筒灯

某展厅吊顶平面图

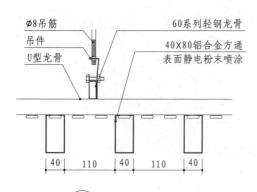

Φ8吊筋
吊件
U型龙骨

60系列轻钢龙骨
40×80铝合金方通
表面静电粉末喷涂

① 大样图

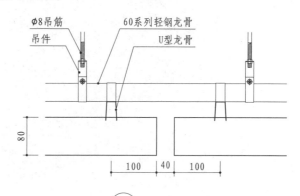

Φ8吊筋
吊件

60系列轻钢龙骨
U型龙骨

② 大样图

某观景塔塔冠实例照片

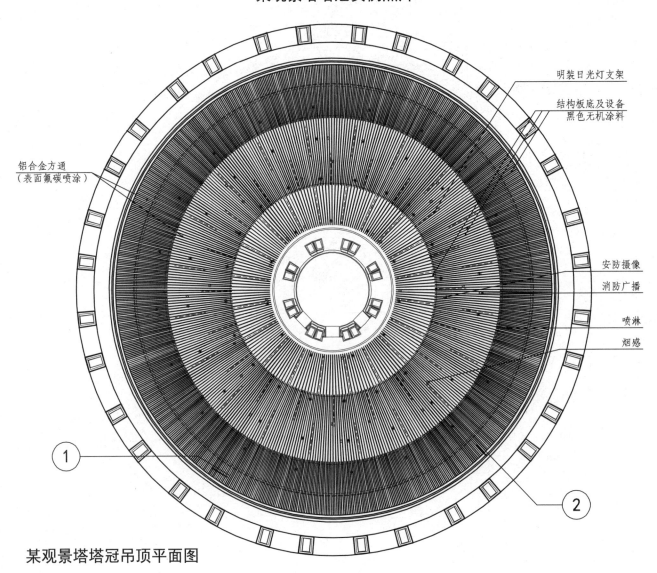

明装日光灯支架

结构板底及设备
黑色无机涂料

铝合金方通
（表面氟碳喷涂）

安防摄像

消防广播

喷淋

烟感

① ②

某观景塔塔冠吊顶平面图

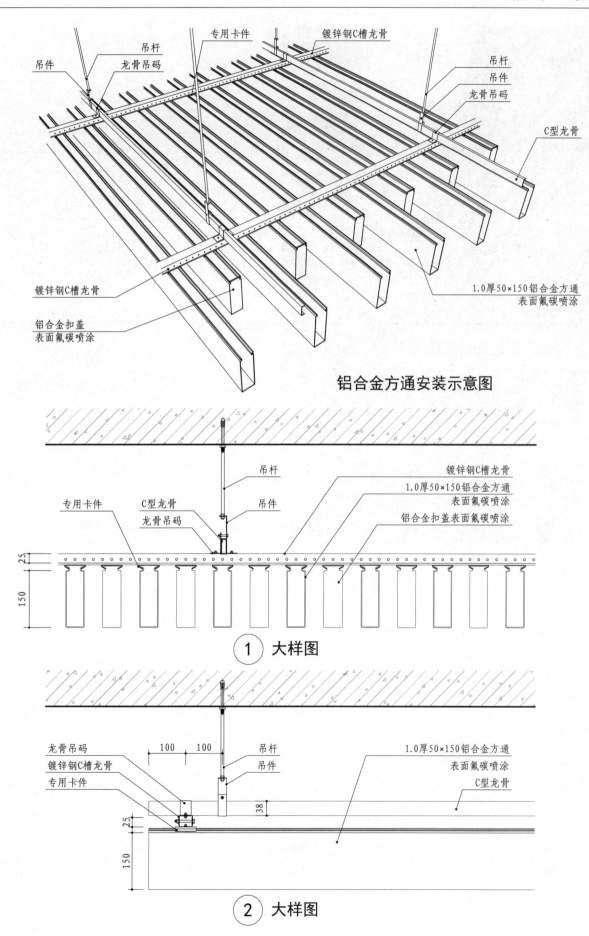

吊件
吊杆
龙骨吊码
专用卡件
镀锌钢C槽龙骨
吊杆
吊件
龙骨吊码
C型龙骨

镀锌钢C槽龙骨

铝合金扣盖
表面氟碳喷涂

1.0厚50×150铝合金方通
表面氟碳喷涂

铝合金方通安装示意图

吊杆
镀锌钢C槽龙骨
1.0厚50×150铝合金方通
表面氟碳喷涂
铝合金扣盖表面氟碳喷涂
专用卡件
C型龙骨
龙骨吊码
吊件

25
150

① 大样图

龙骨吊码
镀锌钢C槽龙骨
专用卡件
100 100
吊杆
吊件
1.0厚50×150铝合金方通
表面氟碳喷涂
C型龙骨
38
25
150

② 大样图

某办公楼电梯厅实例照片

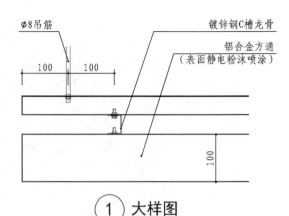

① 大样图

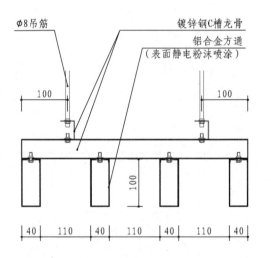

② 大样图

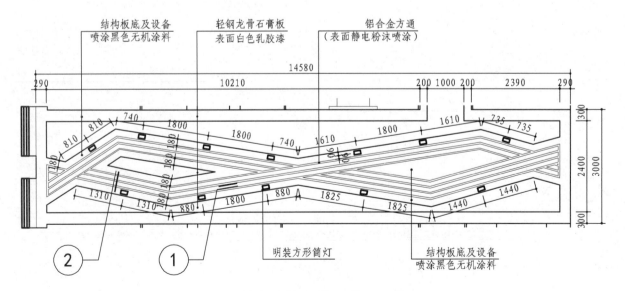

某办公楼电梯厅吊顶平面图

注：图中白色乳胶漆均为无机涂料。

某学校走廊实例照片

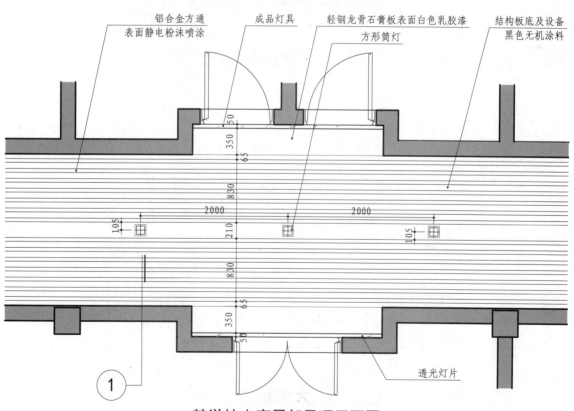

铝合金方通
表面静电粉沫喷涂

成品灯具

轻钢龙骨石膏板表面白色乳胶漆
方形筒灯

结构板底及设备
黑色无机涂料

透光灯片

某学校走廊局部吊顶平面图

注：当顶面材料燃烧性能等级要求为A级时，乳胶漆均应以无机涂料替代。

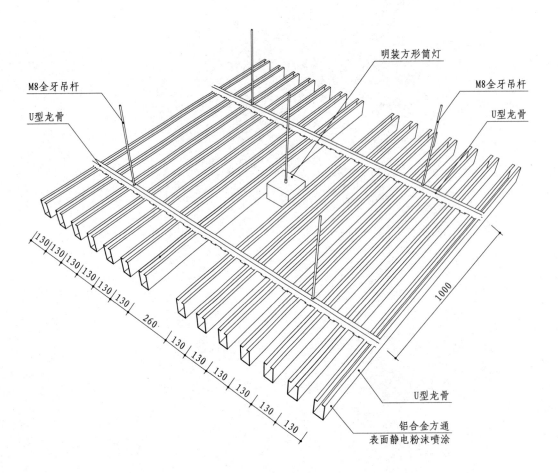

M8全牙吊杆

U型龙骨

明装方形筒灯

M8全牙吊杆

U型龙骨

130 130 130 130

130 130

260

130 130

130

130

130

130

130

1000

U型龙骨

铝合金方通
表面静电粉沫喷涂

铝合金方通安装示意图

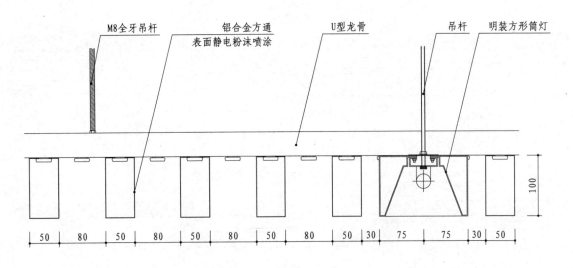

M8全牙吊杆

铝合金方通
表面静电粉沫喷涂

U型龙骨

吊杆

明装方形筒灯

50 | 80 | 50 | 80 | 50 | 80 | 50 | 80 | 50 | 30 | 75 | 75 | 30 | 50

100

① **大样图**

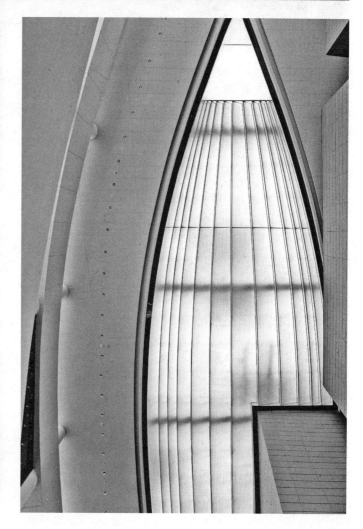

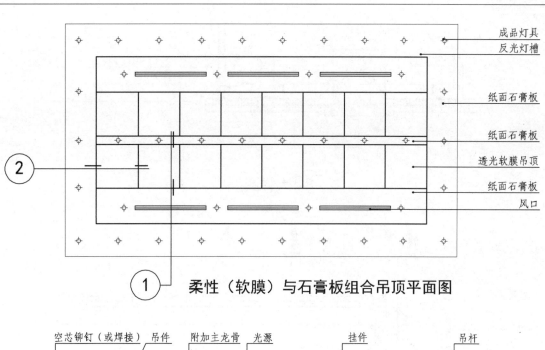

柔性（软膜）与石膏板组合吊顶平面图

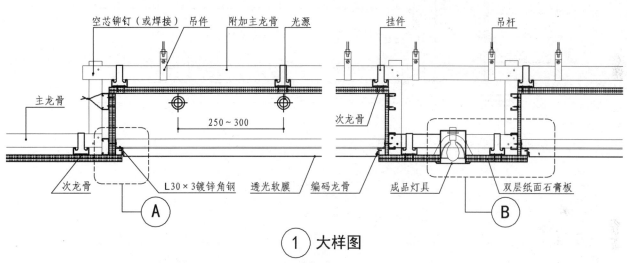

① 大样图

某会议室实例照片

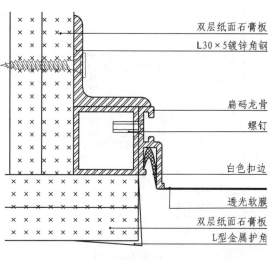

Ⓐ 大样图

注：1. 本页所示龙骨形式仅适用于燃烧性能等级为 B₁ 级的膜材。

　　2. 光源排布间距与箱体深度以1∶1为宜。即灯箱深度如为300mm，光源排布间距也应为300mm。建议箱体深度控制尺寸为150～300mm。

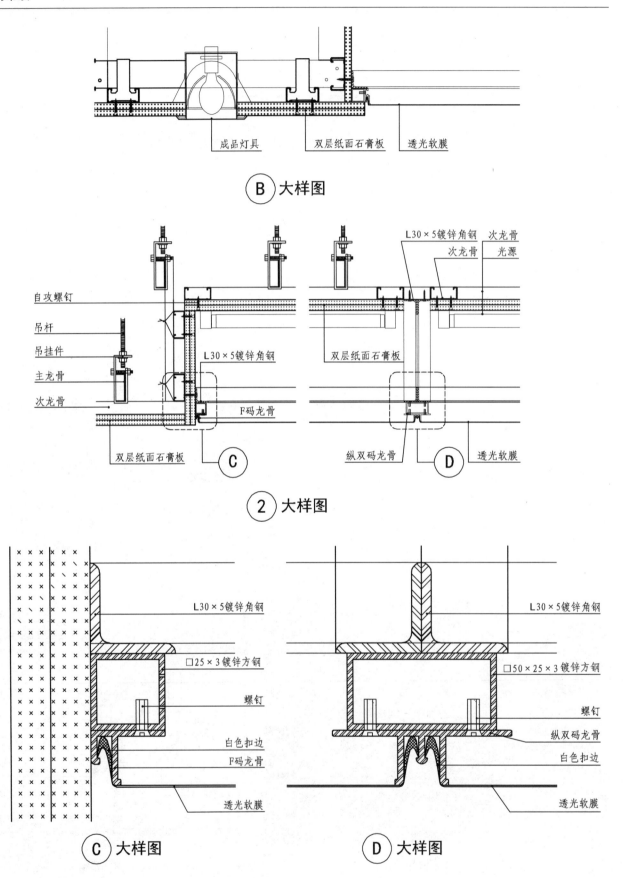

成品灯具   双层纸面石膏板   透光软膜

B 大样图

自攻螺钉

吊杆

吊挂件

主龙骨

次龙骨

L30×5镀锌角钢

F码龙骨

双层纸面石膏板

C

L30×5镀锌角钢   次龙骨
次龙骨   光源

双层纸面石膏板

纵双码龙骨   D   透光软膜

2 大样图

L30×5镀锌角钢

□25×3镀锌方钢

螺钉

白色扣边
F码龙骨

透光软膜

C 大样图

L30×5镀锌角钢

□50×25×3镀锌方钢

螺钉

纵双码龙骨
白色扣边

透光软膜

D 大样图

注：1.本页所示龙骨形式仅适用于燃烧性能等级为B₁级的膜材。
    2.光源排布间距与箱体深度以1：1为宜。即灯箱深度如为300mm，光源排布间距也应为300mm。建议箱体深度控制尺寸为150～300mm，
    以达到较好的光效。

某吊顶实例照片

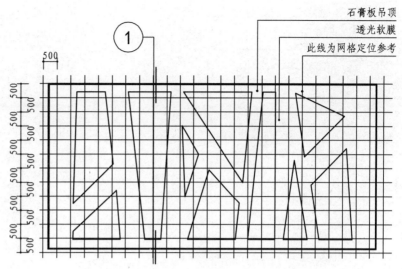

石膏板吊顶
透光软膜
此线为网格定位参考

柔性（软膜）与石膏板组合吊顶平面图

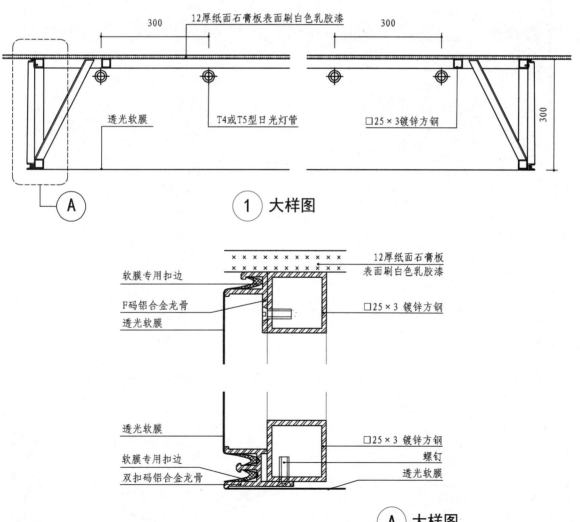

12厚纸面石膏板表面刷白色乳胶漆

透光软膜
T4或T5型日光灯管
□25×3镀锌方钢

300

① 大样图

软膜专用扣边
F码铝合金龙骨
透光软膜

12厚纸面石膏板
表面刷白色乳胶漆

□25×3 镀锌方钢

透光软膜

软膜专用扣边
双扣码铝合金龙骨

□25×3 镀锌方钢
螺钉
透光软膜

A 大样图

注：1. 本页所示龙骨形式仅适用于燃烧性能等级为B₁级的膜材。
　　2. 光源排布间距与箱体比例以1∶1为宜。即灯箱深度如为300mm，光源排布间距也应为300mm。建议箱体深度控制尺寸为150～300mm。

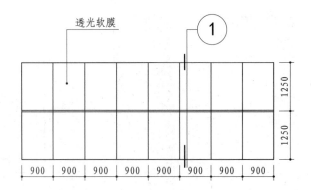

某电梯厅吊顶实例照片

柔性（软膜）吊顶平面图

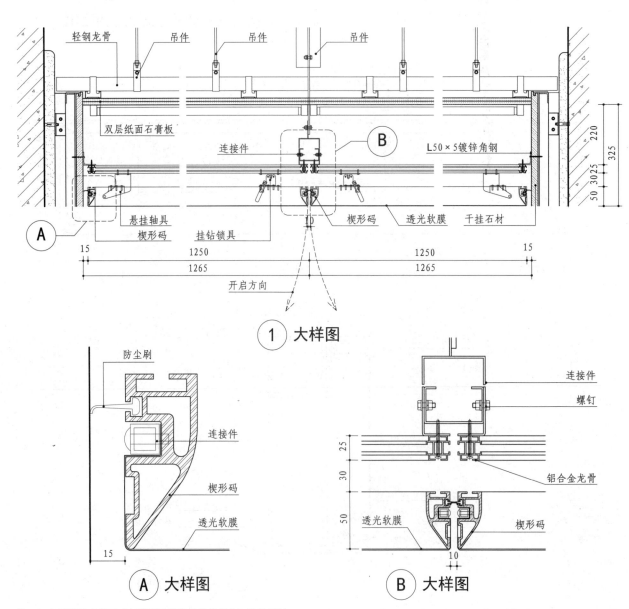

① 大样图

Ⓐ 大样图

Ⓑ 大样图

注：1. 本页所示龙骨形式仅适用于燃烧性能等级为B₁级的膜材。

　　2. 光源排布间距与箱体比例以1：1为宜。即灯箱深度如为300mm，光源排布间距也应为300mm。建议箱体深度控制尺寸为150～300mm。

某办公门厅实例照片

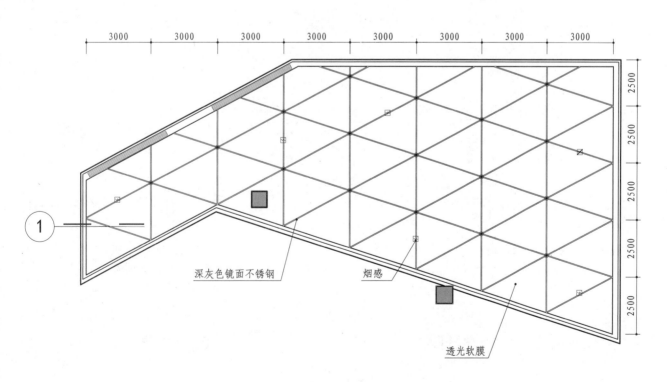

某办公门厅吊顶平面图

Section2
工程案例

柔性（软膜）
吊顶

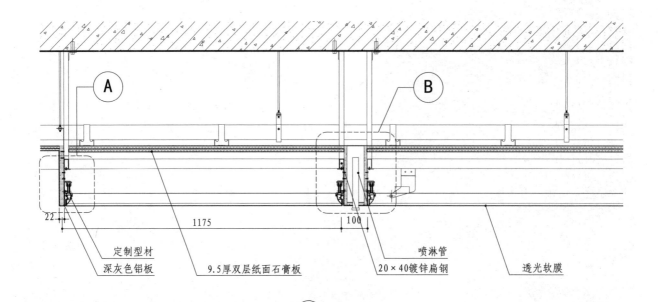

22

1175

100

定制型材
深灰色铝板

9.5厚双层纸面石膏板

喷淋管
20×40镀锌扁钢

透光软膜

① 大样图

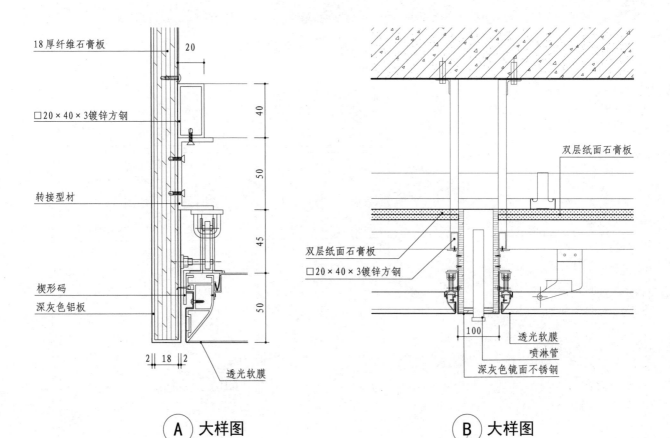

18厚纤维石膏板

20

□20×40×3镀锌方钢

40

50

转接型材

45

楔形码
深灰色铝板

50

2 18 2

透光软膜

双层纸面石膏板

双层纸面石膏板
□20×40×3镀锌方钢

100

透光软膜
喷淋管
深灰色镜面不锈钢

Ⓐ 大样图

Ⓑ 大样图

某行政中心办公室实例照片

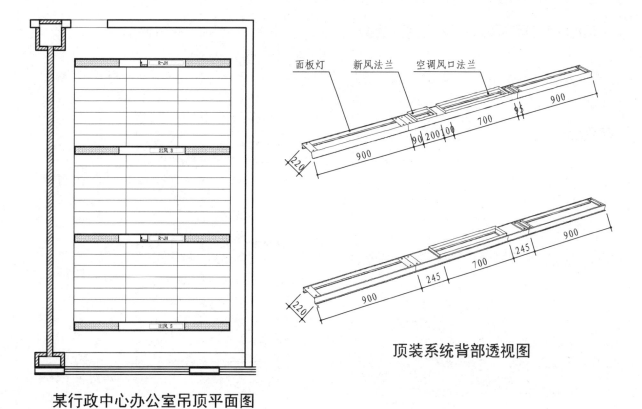

某行政中心办公室吊顶平面图

顶装系统背部透视图

注：本图资料由杭州臣工医用空气净化技术有限公司提供。

某银行大厅实例照片

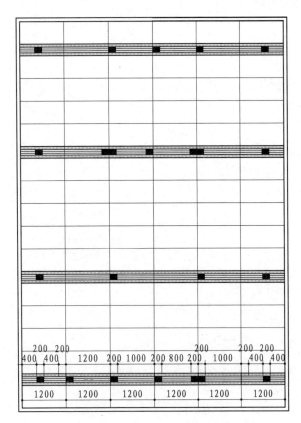

某银行大厅吊顶平面图

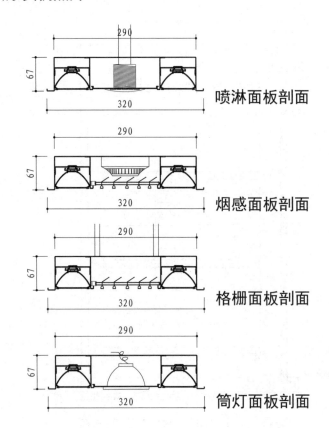

喷淋面板剖面

烟感面板剖面

格栅面板剖面

筒灯面板剖面

注：本图资料由杭州臣工医用空气净化技术有限公司提供。

某卧室吊顶效果图

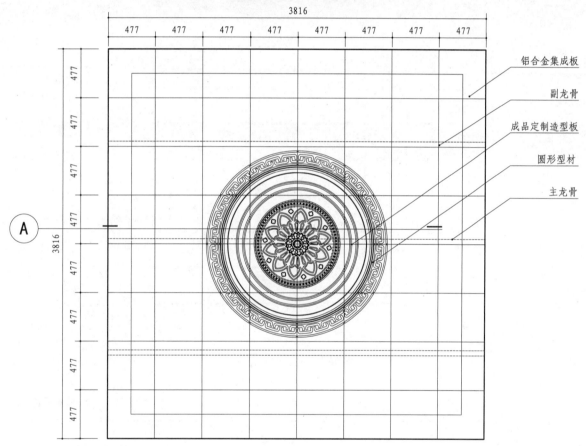

铝合金集成板
副龙骨
成品定制造型板
圆形型材
主龙骨

某卧室吊顶平面图

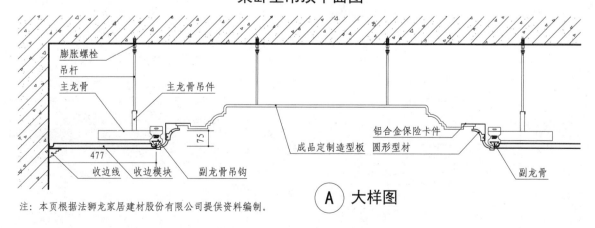

膨胀螺栓
吊杆
主龙骨
主龙骨吊件
铝合金保险卡件
成品定制造型板
圆形型材
副龙骨
收边线
收边模块
副龙骨吊钩

Ⓐ 大样图

注：本页根据法狮龙家居建材股份有限公司提供资料编制。

某餐厅吊顶效果图

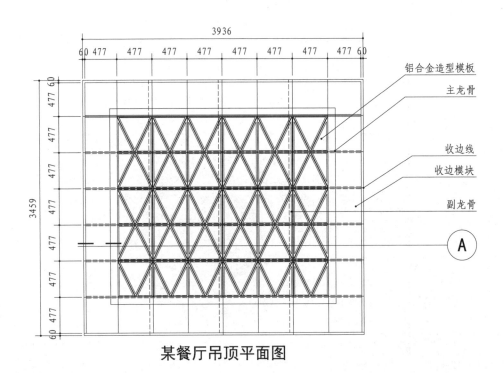

某餐厅吊顶平面图

铝合金造型模板
主龙骨

收边线
收边模块
副龙骨

A

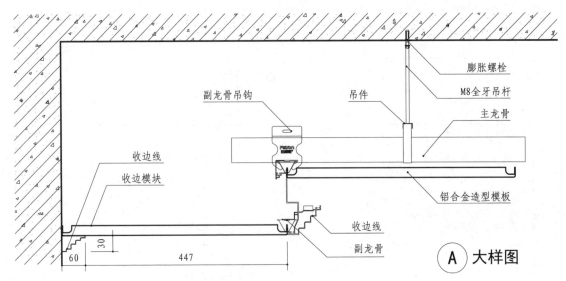

膨胀螺栓
M8全牙吊杆
主龙骨

副龙骨吊钩
吊件

铝合金造型模板

收边线
收边模块

收边线
副龙骨

A 大样图

注：本页根据法狮龙家居建材股份有限公司提供资料编制。

某客厅吊顶效果图

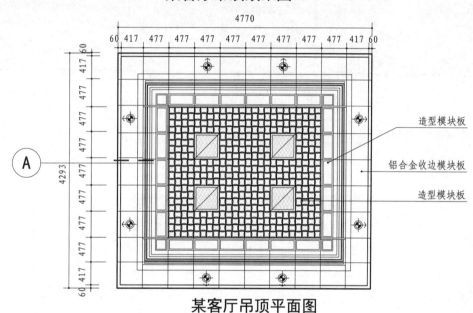

某客厅吊顶平面图

造型模块板

铝合金收边模块板

造型模块板

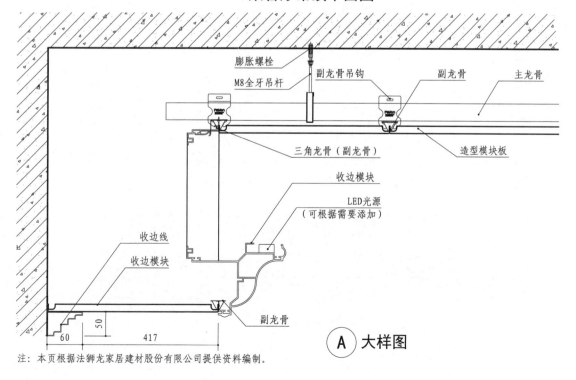

膨胀螺栓
M8全牙吊杆
副龙骨吊钩
副龙骨
主龙骨

三角龙骨（副龙骨）
造型模块板

收边模块

LED光源
（可根据需要添加）

收边线
收边模块

副龙骨

Ⓐ 大样图

注：本页根据法狮龙家居建材股份有限公司提供资料编制。

某餐厅吊顶效果图

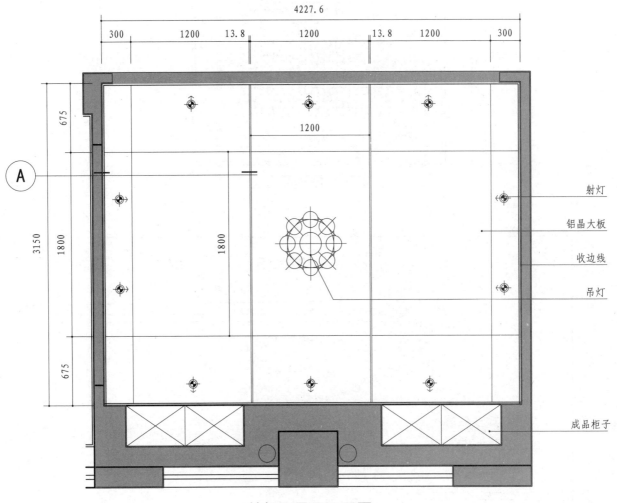

射灯

铝晶大板

收边线

吊灯

成品柜子

某餐厅吊顶平面图

注：本页根据浙江来斯奥电气有限公司提供资料编制。

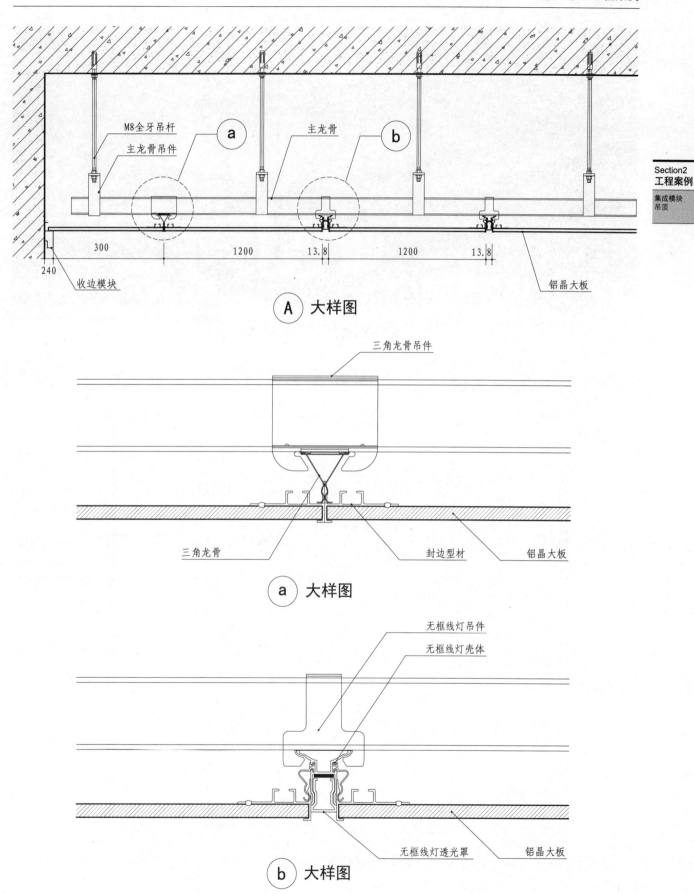

M8全牙吊杆

主龙骨吊件

主龙骨

收边模块

铝晶大板

300   1200   13.8   1200   13.8

240

Ⓐ 大样图

三角龙骨吊件

三角龙骨   封边型材   铝晶大板

ⓐ 大样图

无框线灯吊件

无框线灯壳体

无框线灯透光罩   铝晶大板

ⓑ 大样图

注：本页根据浙江来斯奥电气有限公司提供资料编制。

某中式餐厅吊顶效果图

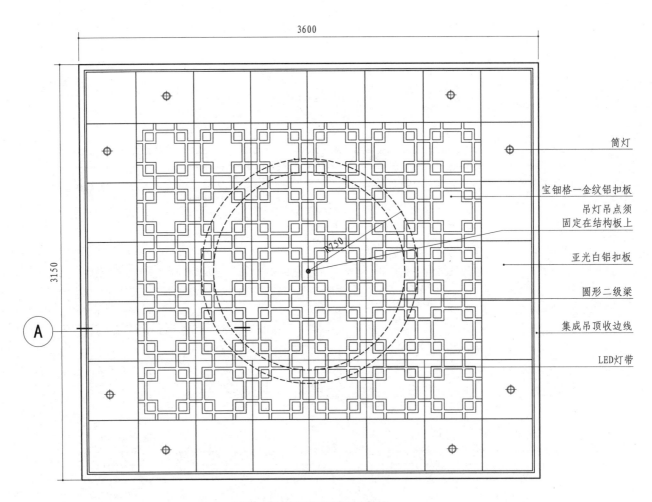

简灯

宝钿格一金纹铝扣板

吊灯吊点须
固定在结构板上

亚光白铝扣板

圆形二级梁

集成吊顶收边线

LED灯带

某中式餐厅吊顶平面图

注: 本页根据浙江品格集成家居有限公司提供资料编制。

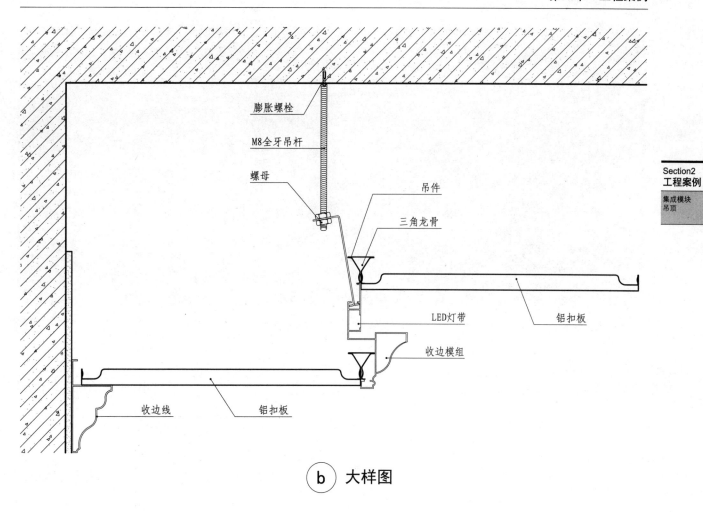

膨胀螺栓

M8全牙吊杆

螺母

吊件

三角龙骨

LED灯带

铝扣板

收边模组

收边线

铝扣板

(b) 大样图

集成模块吊顶规格表

序号	名称	规格	备注
1	铝框	450mm×450mm×60mm	双层铝结构
2	收边模组	10mm和20mm组合	可拼接成圆形
3	LED灯带	色温6500K	氛围照明

注：本页根据浙江品格集成家居有限公司提供资料编制。

某客厅吊顶效果图

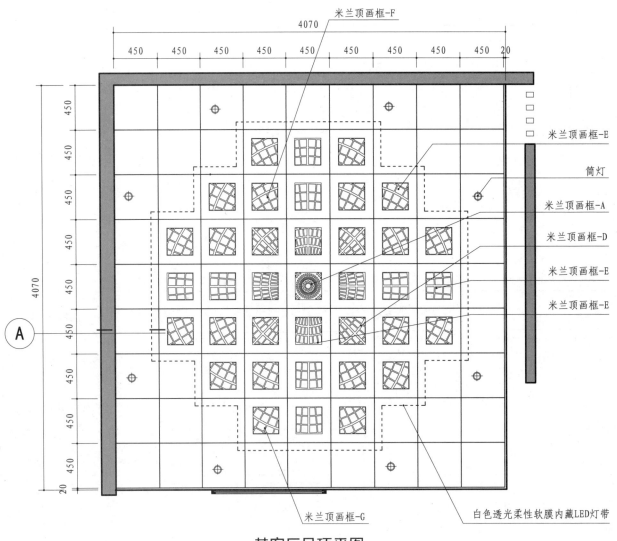

某客厅吊顶平图

注: 本页根据浙江品格集成家居有限公司提供资料编制。

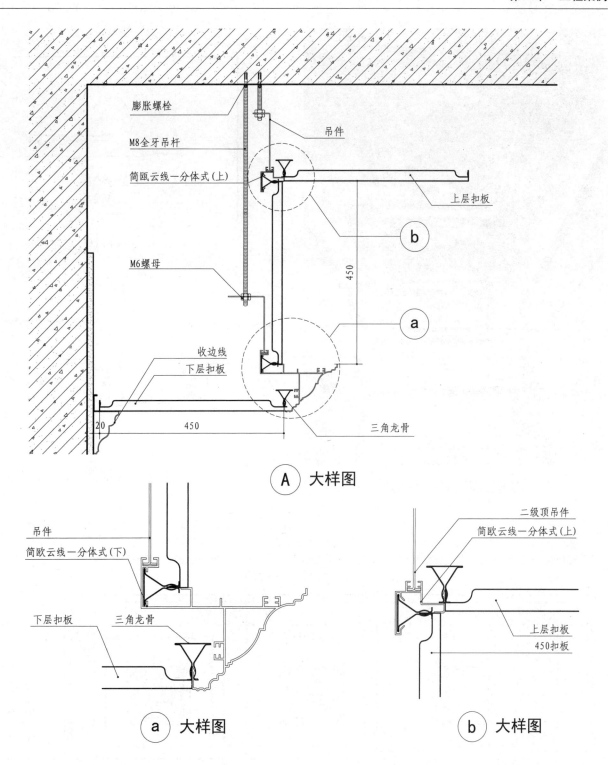

膨胀螺栓

吊件

M8全牙吊杆

简瓯云线一分体式（上）

上层扣板

M6螺母

450

a

收边线

下层扣板

三角龙骨

20　　　450

Ⓐ 大样图

吊件

简欧云线一分体式（下）

下层扣板　三角龙骨

ⓐ 大样图

二级顶吊件

简欧云线一分体式（上）

上层扣板

450扣板

ⓑ 大样图

序号	组成	参数	要点
1	片料成型	450mm × 450mm × 17mm	质地均匀
2	铝材开料	484mm × 484mm × 0.6mm	和结构相匹配
3	造型条纹	宽度20mm	可两两拼接
4	压型深度	1mm	内凹到边

注：本页根据浙江品格集成家居有限公司提供资料编制。

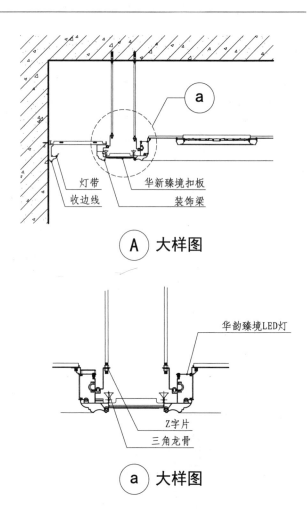

A 大样图

a 大样图

某廊道吊顶实例图片

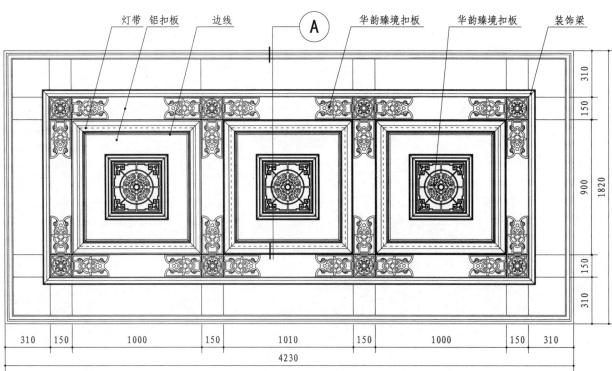

某廊道吊顶平面图

注：本页根据浙江奥华电气有限公司提供资料编制。

某客厅吊顶实例图片

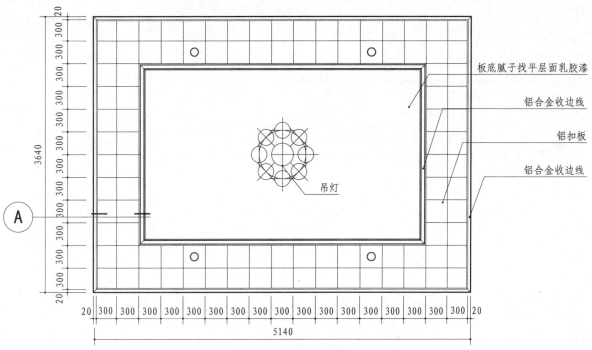

某客厅吊顶平面图

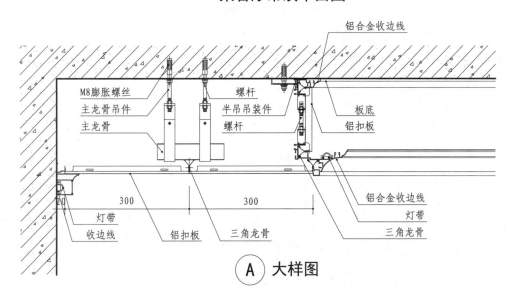

A 大样图

注：本页根据浙江奥华电气有限公司提供资料编制。

某餐厅吊顶实例图片

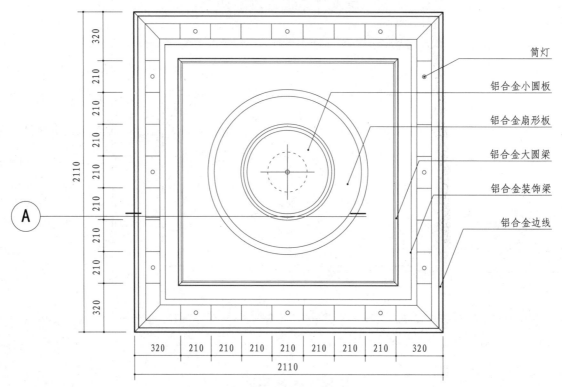

筒灯

铝合金小圆板

铝合金扇形板

铝合金大圆梁

铝合金装饰梁

铝合金边线

某餐厅吊顶平面图

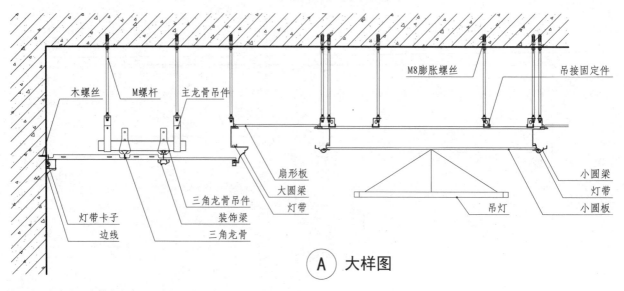

木螺丝　M螺杆　主龙骨吊件

M8膨胀螺丝　吊接固定件

扇形板
大圆梁
灯带

小圆梁
灯带
小圆板

灯带卡子
边线

三角龙骨吊件
装饰梁
三角龙骨

吊灯

Ⓐ 大样图

注: 本页根据浙江奥华电气有限公司提供资料编制。

196

某客厅效果图

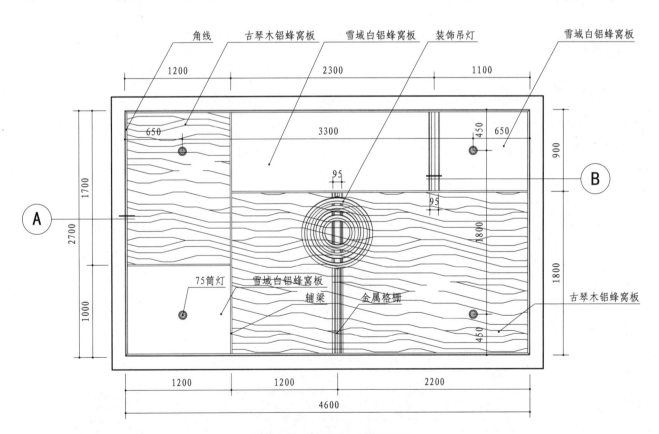

某客厅大板吊顶平面图

注：本页根据奥普家居股份有限公司提供资料编制。

Section2
工程案例

集成模块
吊顶

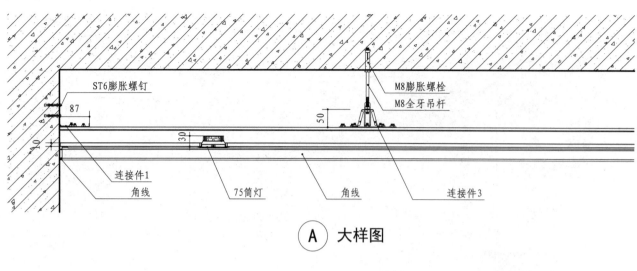

ST6膨胀螺钉

87

10

M8膨胀螺栓
M8全牙吊杆

50

30

连接件1

角线

75筒灯

角线

连接件3

Ⓐ 大样图

连接件4

ST6膨胀螺钉
铝梁

127

55

55

辅梁

角线

格栅

Ⓑ 大样图

大板吊顶系统及板材规格表

吊顶系统	板材规格尺寸(mm)	吊顶系统	板材规格尺寸(mm)
明架平板	1220×2440×10	格栅、明架平板	1220×2440×10

大板吊顶系统配件规格表

配件名称	配件示意图	配件名称	配件示意图
连接件1		格栅	
连接件2		铝梁	
连接件3		辅梁	
连接件4		角线	

注：本页根据奥普家居股份有限公司提供资料编制。

某大厅吊顶效果图

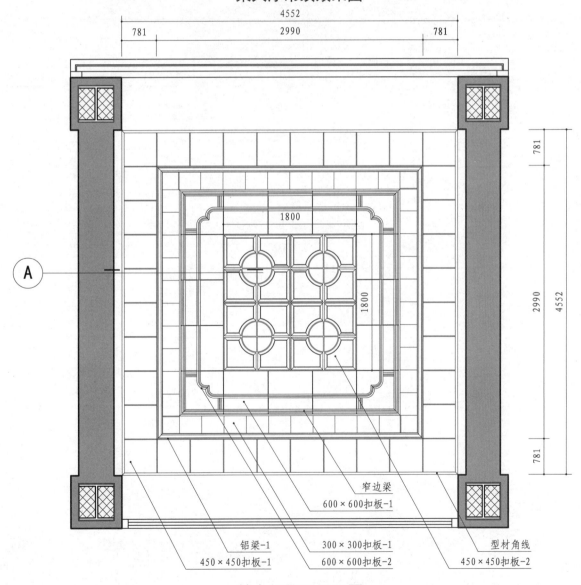

窄边梁
600×600扣板-1

铝梁-1
450×450扣板-1

300×300扣板-1
600×600扣板-2

型材角线
450×450扣板-2

某大厅吊顶平面图

注：本页根据奥普家居股份有限公司提供资料编制。

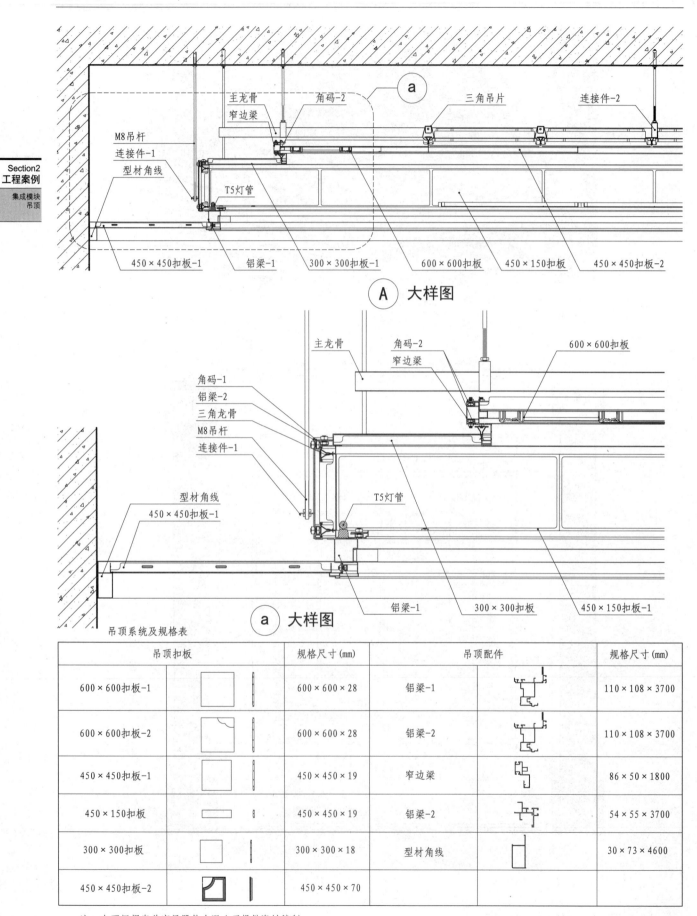

M8吊杆
连接件-1
型材角线
主龙骨
窄边梁
角码-2
三角吊片
连接件-2
T5灯管

450×450扣板-1　铝梁-1　300×300扣板-1　600×600扣板　450×150扣板　450×450扣板-2

Ⓐ 大样图

主龙骨　角码-2　窄边梁　600×600扣板
角码-1
铝梁-2
三角龙骨
M8吊杆
连接件-1
型材角线
450×450扣板-1
T5灯管

铝梁-1　300×300扣板　450×150扣板-1

ⓐ 大样图

吊顶系统及规格表

吊顶扣板			规格尺寸 (mm)	吊顶配件			规格尺寸 (mm)
600×600扣板-1			600×600×28	铝梁-1			110×108×3700
600×600扣板-2			600×600×28	铝梁-2			110×108×3700
450×450扣板-1			450×450×19	窄边梁			86×50×1800
450×150扣板			450×450×19	铝梁-2			54×55×3700
300×300扣板			300×300×18	型材角线			30×73×4600
450×450扣板-2			450×450×70				

注：本页根据奥普家居股份有限公司提供资料编制。

某音乐厅实例照片

GRG扩散体表面白色乳胶漆　　　　　　　　　　① 　　　LED筒灯　烟感　　木饰面装配板

风口　　　　　纸面石膏板　　　　　　　　　　　　　　排烟风口　　喷淋
　　　　　　　表面白色乳胶漆

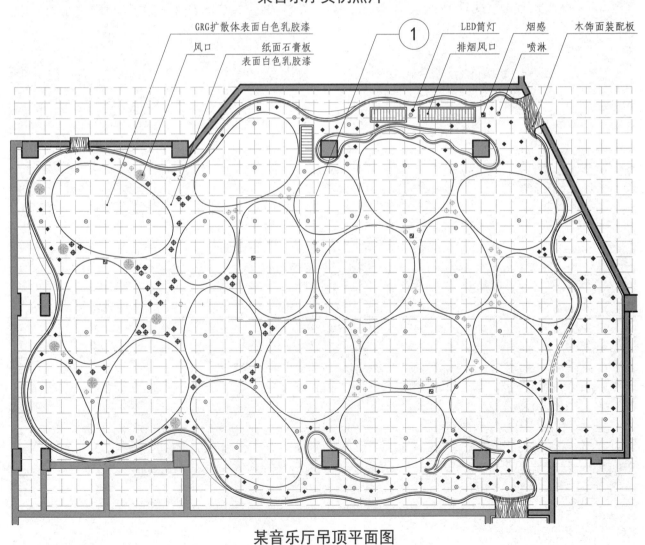

某音乐厅吊顶平面图

注：当顶面材料燃烧性能等级要求为A级时，乳胶漆均应以无机涂料替代。

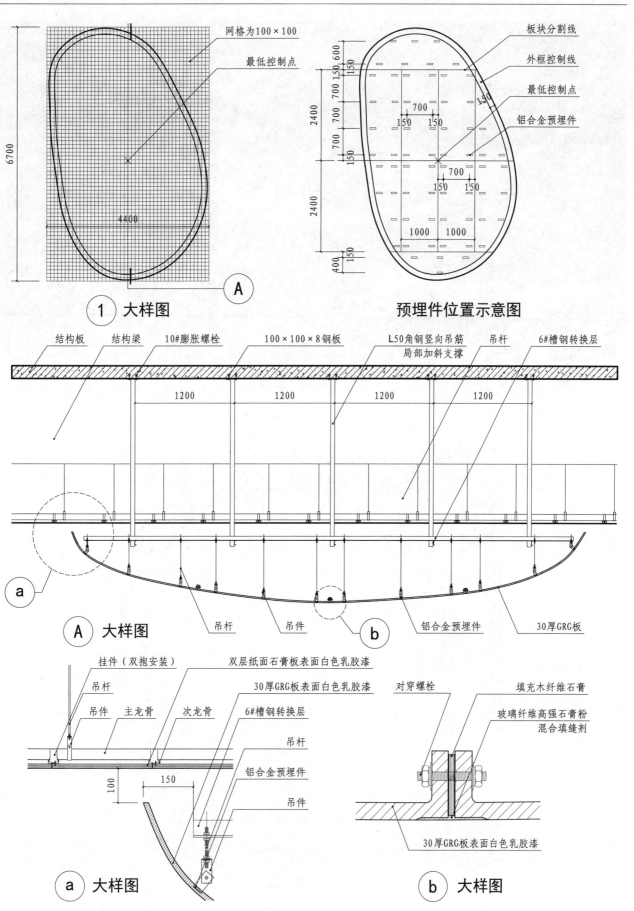

① 大样图

预埋件位置示意图

网格为100×100
最低控制点

板块分割线
外框控制线
最低控制点
铝合金预埋件

结构板　结构梁　10#膨胀螺栓　100×100×8钢板　L50角钢竖向吊筋
局部加斜支撑　吊杆　6#槽钢转换层

1200　1200　1200　1200

Ⓐ 大样图

吊杆　吊件　铝合金预埋件　30厚GRG板

挂件（双抱安装）　双层纸面石膏板表面白色乳胶漆
吊杆　30厚GRG板表面白色乳胶漆
吊件　主龙骨　次龙骨　6#槽钢转换层
吊杆
铝合金预埋件
吊件

对穿螺栓　填充木纤维石膏
玻璃纤维高强石膏粉
混合填缝剂

30厚GRG板表面白色乳胶漆

ⓐ 大样图　　ⓑ 大样图

注：当顶面材料燃烧性能等级要求为A级时，乳胶漆均应以无机涂料替代。

某剧院实例照片

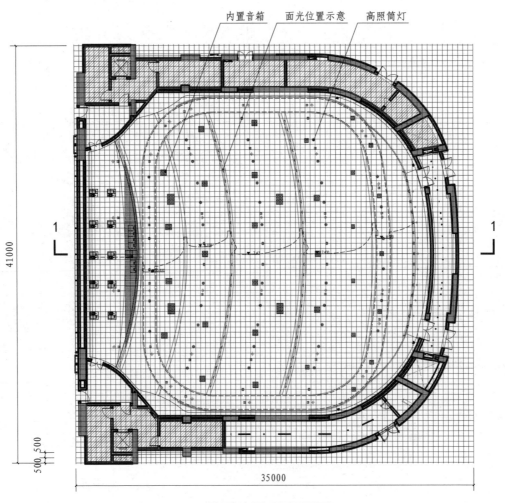

内置音箱　面光位置示意　高照筒灯

某剧院吊顶平面图

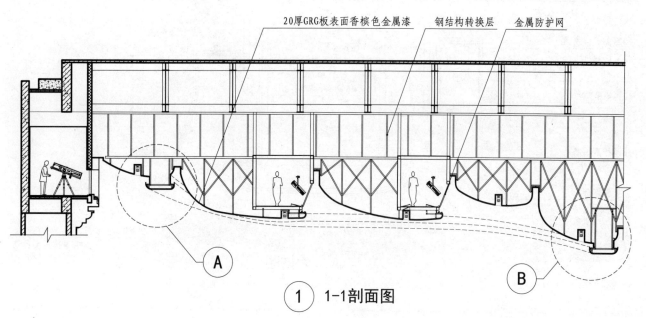

20厚GRG板表面香槟色金属漆　　钢结构转换层　　金属防护网

A

B

① 1-1剖面图

20厚GRG板表面香槟色金属漆

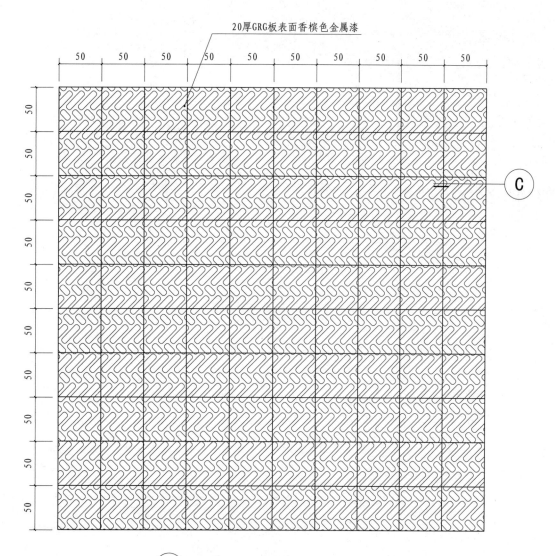

| 50 | 50 | 50 | 50 | 50 | 50 | 50 | 50 | 50 | 50 |

C

② GRG板吊顶安装单元放大图

Section2
工程案例

GRG 吊顶

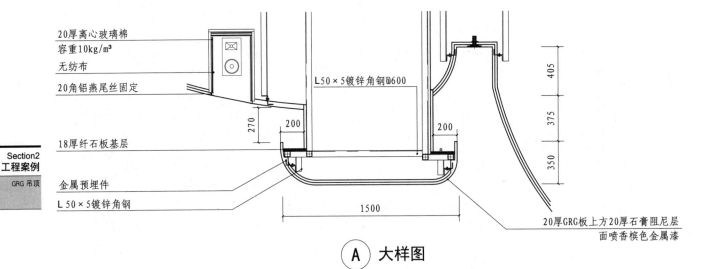

20厚离心玻璃棉
容重10kg/m³
无纺布
20角铝燕尾丝固定

L50×5镀锌角钢@600

405
375
350

18厚纤石板基层

金属预埋件
L50×5镀锌角钢

200
270
200

1500

20厚GRG板上方20厚石膏阻尼层
面喷香槟色金属漆

Ⓐ 大样图

20厚离心玻璃棉
容重10kg/m³
无纺布
20角铝燕尾丝固定

285
330

L50×5镀锌角钢
18厚纤石板刷防火防腐涂料
□50镀锌方通
GRG金属预埋件
20厚GRG板上方20厚石膏阻尼层
面喷香槟色金属漆

150,170
200
330
50
300

音箱洞钢丝网喷香槟色金属漆

金属套管

1000
1500

Ⓑ 大样图

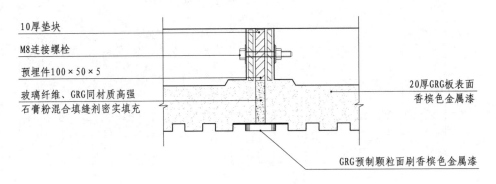

10厚垫块
M8连接螺栓
预埋件100×50×5
玻璃纤维、GRG同材质高强
石膏粉混合填缝剂密实填充

20厚GRG板表面
香槟色金属漆

GRG预制颗粒面刷香槟色金属漆

Ⓒ 大样图

某贵宾接待厅实例照片

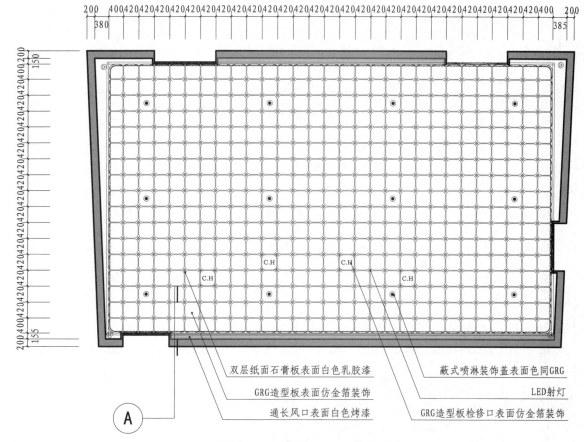

双层纸面石膏板表面白色乳胶漆

GRG造型板表面仿金箔装饰

通长风口表面白色烤漆

蔽式喷淋装饰盖表面色同GRG

LED射灯

GRG造型板检修口表面仿金箔装饰

某贵宾接待厅吊顶平面图

注：当顶面材料燃烧性能等级要求为A级时，乳胶漆均应以无机涂料替代。

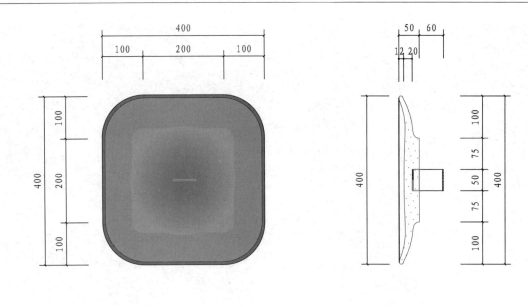

GRG造型板模块平面图   GRG造型板模块立面图

双层纸面石膏板表面白色乳胶漆   挂件（双抱安装）   LED射灯

吊杆   镀锌角钢骨架   次龙骨   主龙骨
L50×4

吊杆

吊件

预埋金属挂件   GRG造型板表面仿金箔装饰

A 大样图

注：图中白色乳胶漆均为无机涂料。

Section2
工程案例

GRG 吊顶

某国际电影城实例照片

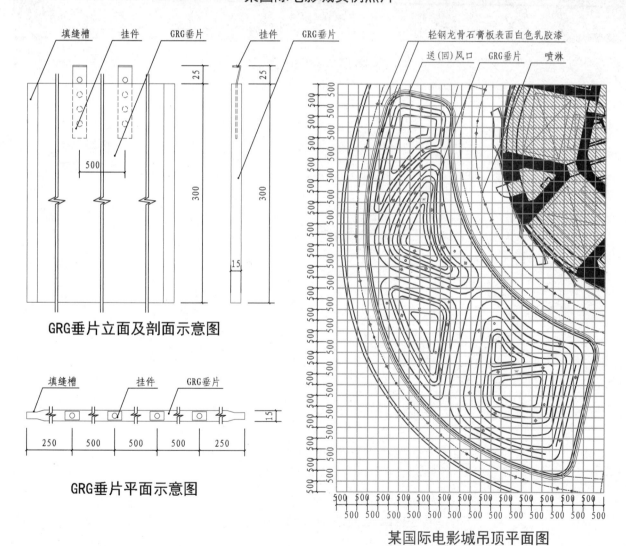

GRG垂片立面及剖面示意图

GRG垂片平面示意图

某国际电影城吊顶平面图

注：照片中GRG垂片由不同曲度的单元模块组装完成。每个单元模块长度不大于2000mm，模块预埋挂件间距不大于500mm，挂件数量不少
于4个，挂件距单元模块边缘不大于250mm。单元模块两边分别设有两个填缝槽，供单元模块间连接时填补用，填补材料为与GRG相
同的玻璃纤维高强石膏粉混合填缝剂。图中白色乳胶漆均为无机涂料。本页内容根据广东美穗实业发展有限公司提供图纸及照片整理编制。

某商场实例照片

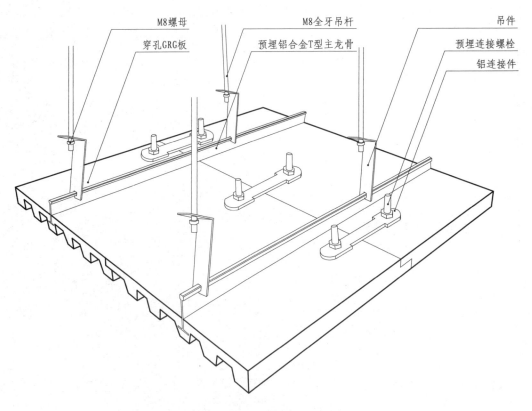

M8螺母　　　　　　M8全牙吊杆　　　　　　吊件

穿孔GRG板　　　预埋铝合金T型主龙骨　　预埋连接螺栓

铝连接件

GRG单元模块板安装示意图

注：照片中GRG吊顶由规格为1210mm×1210mm的单元模块组装而成。每个单元模块中预埋4个铝合金T型主龙骨，间距为320mm，同时板边预埋连接螺栓。板与板相连接时采用专用强力胶补缝，以铝连接件连接预埋，连接螺栓做板面加强。当顶面材料燃烧性能等级要求为A级时，乳胶漆均应以无机涂料替代。本页内容根据广东美穗实业发展有限公司提供的图纸及照片资料整理编制。

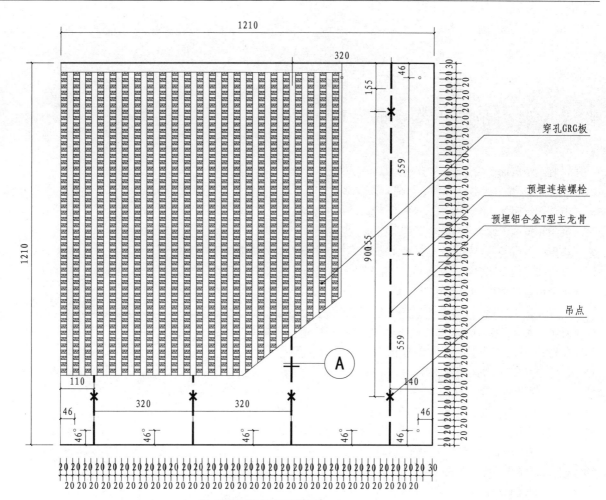

GRG单元模块板平面图

穿孔GRG板

预埋连接螺栓

预埋铝合金T型主龙骨

吊点

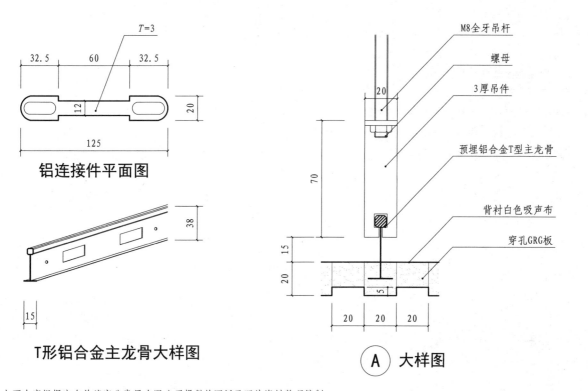

铝连接件平面图

T形铝合金主龙骨大样图

M8全牙吊杆

螺母

3厚吊件

预埋铝合金T型主龙骨

背衬白色吸声布

穿孔GRG板

Ⓐ 大样图

注：本页内容根据广东美穗实业发展有限公司提供的图纸及照片资料整理编制。

附录：室内吊顶相关规范

1 《一般工业用铝及铝合金板、带材》GB/T 3880.1
2 国家标准图集《内装修－室内吊顶》12J502-2
3 《浙江制造团体标准－集成吊顶》T/ZZB 0148-2016
4 《家用和类似用途电器的安全》第1部分：通用要求 GB 4706.1
5 《家用和类似用途电器的安全》第2部分 室内加热器的特殊要求 GB 4706.23
6 《家用和类似用途电器的安全》第2部分：风扇的特殊要求 GB 4706.27
7 《铝合金建筑型材》GB 5237.1 ~ 5
8 《灯具》第1部分 一般要求与试验 GB 7000.1
9 《灯具》第2-1部分：特殊要求 固定式通用灯具 GB 7000.201
10 《灯具》第2-2部分：特殊要求 嵌入式灯具 GB 7000.202
11 《建筑材料及制品燃烧性能分级》GB 8624
12 《建筑用轻钢龙骨》GB/T 11981
13 《家用和类似用途的交流换气扇及其调速器》GB/T 14806
14 《建筑幕墙抗震性能振动台试验方法》GB/T 18575
15 《浴室电加热器具（浴霸）》GB/T 22769
16 《金属及金属复合材料吊顶板》GB/T 23444
17 《防火封堵材料》GB 23864
18 《建筑材料或制品的单体燃烧试验》GB/T 20284
19 《建筑用阻燃密封胶》GB/T 24267
20 《普通照明用LED产品光辐射安全要求》GB/T 34034—2017
21 《普通照明用LED产品光辐射安全测量方法》GB/T 34075—2017
22 《建筑结构荷载规范》GB 50009
23 《建筑设计防火规范》GB 50016
24 《建筑内部装修设计防火规范》GB 50222
25 《民用建筑工程室内环境污染控制规范》GB 50325
26 《建筑用轻钢龙骨配件》JC/T 558
27 《铝合金T型龙骨》JC/T 2220
28 《建筑用集成吊顶》JG/T 41